零件的普通车削加工

（基础篇）

主编　梁炎培　何依文
主审　张炳培

内 容 提 要

本书内容主要包括四个项目：项目一车床基础操作以企业技术工人岗位工作基础操作为根本，结合专业基本功为任务载体，简单易学，让学生通过学习该项目后，可以安全规范操作机床；项目二和项目三轴类零件和套类产品的车削技术主要以车工的典型工作任务为原型设计，主要让学生以生产任务为驱动进行学习，全面掌握外圆、内孔、切槽、量具等基本车削技术；辅助学习相关的理论知识及其应用方法；项目四车削简单形体产品是提高阶段的综合训练，以加工技能训练和工作方法训练为重点。

本书既可作为中等职业技术院校车工专业、数控车工的工学一体化教材，也可作为机械加工相关岗位培训用书，还可作为相关专业技术人员的自学用书。

图书在版编目（CIP）数据

零件的普通车削加工. 基础篇 / 梁炎培，何依文主编. -- 北京 : 中国水利水电出版社，2015.5
ISBN 978-7-5170-3244-1

Ⅰ. ①零… Ⅱ. ①梁… ②何… Ⅲ. ①零部件－车削 Ⅳ. ①TG510.6

中国版本图书馆CIP数据核字(2015)第125688号

书　　名	零件的普通车削加工（基础篇）
作　　者	主编　梁炎培　何依文　　主审　张炳培
出版发行	中国水利水电出版社 （北京市海淀区玉渊潭南路1号D座　100038） 网址：www.waterpub.com.cn E-mail：sales@waterpub.com.cn 电话：（010）68367658（发行部）
经　　售	北京科水图书销售中心（零售） 电话：（010）88383994、63202643、68545874 全国各地新华书店和相关出版物销售网点
排　　版	中国水利水电出版社微机排版中心
印　　刷	北京京华虎彩印刷有限公司
规　　格	184mm×260mm　16开本　8印张　190千字
版　　次	2015年5月第1版　2015年5月第1次印刷
印　　数	0001—1300册
定　　价	**24.00元**

本书编委会

主　编　梁炎培　何依文

参　编　叶振祥　冯启钊　邹俊敏　邓美联　马琰谋
刘波林　郑柏权　郭志斌　梁洁颖　伍杰荣
雷周华　陈晓鸿　赵　龙　刘　剑　孙将军
李景协　任健强　陈建欢　司徒文聪
谭寿江　邝跃本　刘日照　张志军　梁又君
胡锦钊　陈俊钊　许广煜　李锦成　莫志威
李建宏　洪佳恒

主　审　张炳培

前 言

本书是中等职业教育改革创新规划教材，是以《车工》国家职业标准（中级）规定的知识和技能要求为基本目标，参考企业机械加工及相关岗位的能力要求编写而成的。本书由江门市技师学院/江门市高级技工学校数控专业骨干教师和江门机械加工行业企业专家共同研讨，确定学习任务载体，根据人的认知规律安排，研发而成，将车工的相关理论知识与加工操作融为一体，以操作为重点，按照任务驱动、行动导向的一体化教学法编排课程内容，注重学生自主学习和关键能力的培养。

本书密切结合学生从岗的多样性和转岗的灵活性，既体现本专业所要求应具备的基本知识和基本技能训练，又考虑到学生知识的拓展及未来的可持续发展，注重与生产实际相结合，力求与企业进行无缝对接。通过对本书的学习，使学生具有车工的基本知识和基本技能，能够独立完成轴类、套类和简单形体产品的车削任务，具备车工的基础操作能力。

本书内容主要有四个项目，项目一为车床基础操作，以专业基本功为任务载体，简单易学，让学生通过学习该项目后，可以安全规范地操作机床；项目二和项目三主要是学习轴类零件和套类产品的车削技术，让学生通过典型的车削生产任务为载体进行驱动式学习，全面掌握相关的理论知识及其应用方法，并熟练掌握手柄轴、传动轴、挡圈和隔套的车削方法；项目四为车削简单形体产品，为提高阶段的综合训练，以加工技能训练和工作方法训练为重点，学习简单形体产品如换向支承轴和轴套的车削技能。

本书由梁炎培、何依文两位老师主编，张炳培老师主审。限于水平和时间，书中存在误漏和不足之处，希望各位读者批评指正。

编　者

2015年5月

目录

项目一　车床基础操作

任务一　车削和车床认知

【任务描述】

某五金工艺制品有限公司委托培训一批新招入的有关车床方面的员工，人数50人，文化程度为初中，他们对车工知识不了解，需要对其进行车削和车床相关知识培训。

【培训任务书】

培训任务单见表1-1-1。

表1-1-1　　培训任务单

<table>
<tr><td colspan="2">需方单位名称</td><td colspan="2"></td><td>完成日期</td><td colspan="2">年　月　日</td></tr>
<tr><td>序号</td><td>培训工种</td><td>文化程度</td><td>人数</td><td colspan="3">培训、技术标准要求</td></tr>
<tr><td>1</td><td>车工</td><td>初中</td><td>50人</td><td colspan="3">按初级工要求</td></tr>
<tr><td>2</td><td></td><td></td><td></td><td colspan="3"></td></tr>
<tr><td colspan="2">培训批准日期</td><td>年　月　日</td><td>批准人</td><td></td><td></td><td></td></tr>
<tr><td colspan="2">通知任务日期</td><td>年　月　日</td><td>发单人</td><td></td><td></td><td></td></tr>
<tr><td colspan="2">接单日期</td><td>年　月　日</td><td>接单人</td><td></td><td>培训班组</td><td>车工组</td></tr>
</table>

【任务分析】

本任务是使学生认识车床和车削的基本情况，以及在机械制造业中的重要地位；知道在车床上可以加工的机械零件有哪些，车削有什么特点。

为完成车削和车床认知必须进行的准备内容见表1-1-2。

表1-1-2　　为完成车削和车床认知必须进行的准备内容

序　号	内　容
1	车床的种类型号
2	车床的基本工作内容
3	卧式车床的主要结构

【实施目标】

通过对车削和车床的认识，了解机械制造业中的生产流程；加强学生对车削加工专业的认识；能正确理解车床的各种工作内容并熟练运用车床各部件；了解和熟悉车床的结构、性能、调整以及使用，只有这样，才能保证加工质量，提高劳动生产率。

（1）质量目标：能按要求熟知车床各部件名称及作用。

（2）安全目标：严格按照普通车床车间工位安排要求，在断电情况下进行任务作业。

（3）文明目标：自觉按照普通车床车间工位安排要求进行任务作业。

【实施建议】

（1）将学生按人数平均分组，明确任务组长。

（2）分别以车间主任、班组长、一线员工等角色领取任务，责任到人。

（3）适时组织小组讨论分工、信息学习、知识汇总、评价学习等教学活动。

【任务信息学习】

一、车床的种类型号

金属切削机床是制造机器的机器，所以又称为工作母机，简称机床。机床按其工作原理、结构性能特点和使用范围可分为车床、钻床、镗床、磨床、齿轮加工机床、螺纹加工机床、铣床、刨插床、拉床、锯床和其他机床等 11 大类。

机床型号是机床产品的代号，用以简明地表示机床的类别、主要技术参数和结构特性等。我国目前的机床型号按 GB/T 15375—2008《金属切削机床　型号编制方法》编制。它是由大写汉语拼音字母和阿拉伯数字按一定的规律排列组成。

机床通用型号的编制如图 1-1-1 所示。

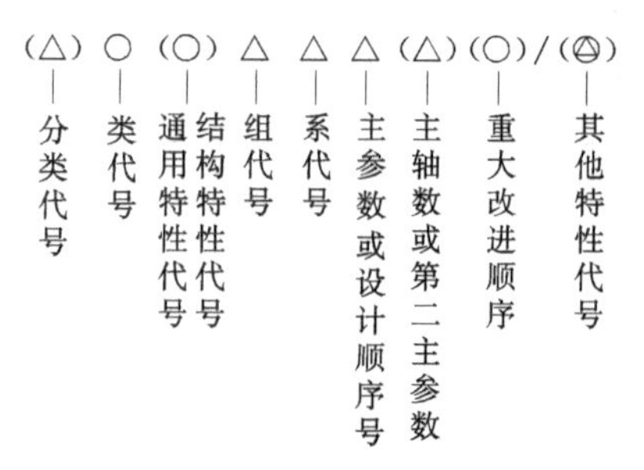

图 1-1-1　机床通用型号编制

注：1. 有“○”符号者，为大写的汉语拼音字母。
2. 有“△”符号者，为阿拉伯数字。
3. 有“（）”的代号或数字，当无内容时则不表示，有内容时应去掉括号。
4. 有“◎”符号者，为大写的汉语拼音字母或阿拉伯数字，或两者兼而有之。

例如，C6132A 表示床身上最大工件回转直径为 320mm 的、经过第一次重大改进的卧式精密普通车床，型号中字母及数字的含义如图 1-1-2 所示。

1. 机床的类代号

按机床的工作原理、结构性能及使用范围，可分为 11 类。机床的类代号用大写的汉语拼音字母表示，见表 1-1-3。

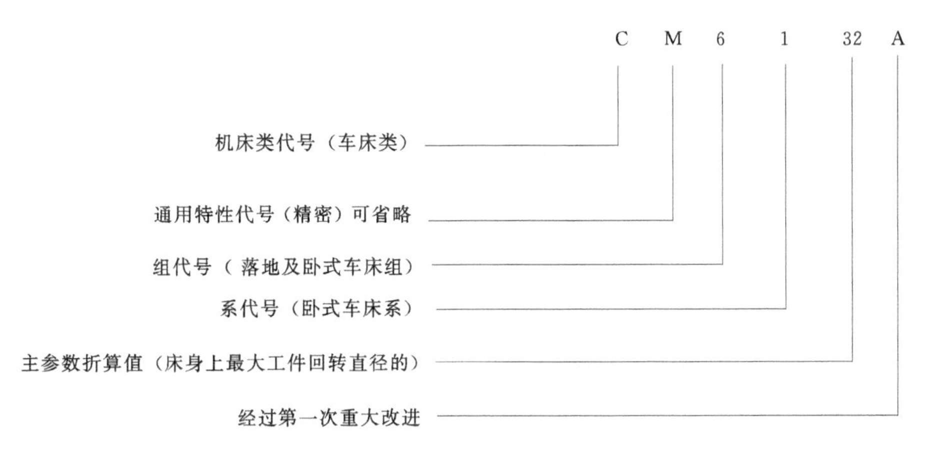

图 1-1-2　C6132A 型车床型号含义

表 1-1-3　　　　机床的分类及类代号

类别	车床	钻床	镗床	磨　床			齿轮加工机床	螺纹加工机床	铣床	刨插床	拉床	锯床	其他机床
代号	C	Z	T	M	2M	3M	Y	S	X	B	L	G	Q
读音	车	钻	镗	磨	二磨	三磨	牙	丝	铣	刨	拉	割	其他

2. 机床的特性代号

机床的特性代号包括通用特性代号和结构特性代号，它们位于类代号后面，均用大写汉语拼音字母表示，可省略。

（1）机床通用特性代号。机床通用特性代号及读音见表 1-1-4。

表 1-1-4　　　　机床的通用特性代号

通用特性	高精度	精密	自动	半自动	数控	加工中心（自动换刀）	仿形	轻型	加重型	简式	柔性加工	数显	高速
代号	G	M	Z	B	K	H	F	Q	C	J	R	X	S
读音	高	密	自	半	控	换	仿	轻	重	简	柔	显	速

（2）结构特性代号。对主参数相同，但结构、性能不同的机床，用结构特性代号予以区分，如 A、D、E 等。结构特性代号在型号中没有统一的含义，只是在同类机床中起到区分机床结构、性能的作用。

当型号中有通用特性代号时，结构特性代号应排在通用特性代号之后。但是，通用特性代号已用的字母和“I”“O”两个字母不能用。当单个字母不够时，可将两个字母组合一起使用。

3. 机床的组、系代号

每类机床划分为 10 个组，每个组又划分为 10 个系，机床的组、系代号用一位阿拉伯数字表示，见表 1-1-5。组、系代号位于类代号或特性代号之后。

表 1-1-5 车床组、系划分表（部分）

组		系	
代号	名称	代号	名称
5	立式车床	1	单柱立式车床
		2	双柱立式车床
		3	单柱移动立式车床
		4	双柱移动立式车床
		5	工作台移动单柱立式车床
		6	
		7	定梁单柱立式车床
		8	定梁双柱立式车床
6	落地及卧式车床	0	落地车床
		1	卧式车床
		2	马鞍车床
		3	轴车床
		4	卡盘车床
		5	球面车床

4. 机床的主参数和折算系数

机床的主参数表示机床规格的大小，常用折算值表示，位于系代号之后。车床的主参数和折算系数见表 1-1-6。

表 1-1-6 常用车床主参数和折算系数

车床	主参数和折算系数		第二主参数
	主参数	折算系数	
多轴自动车床	最大棒料直径	1	轴数
回轮车床	最大棒料直径	1	
转塔车床	最大车削直径	1/10	单柱立式车床
单柱及双柱立式车床	最大车削直径	1/100	双柱立式车床
卧式车床	床身上最大工件回转直径	1/10	单柱移动立式车床
铲齿车床	最大工件回转直径	1/10	双柱移动立式车床

5. 机床重大改进顺序号

当对机床的结构、性能或需按新产品的要求重新设计、试制等改进后，可按改进后的先后顺序选用汉语拼音字母 A、B、C…表示，附在机床型号尾部，以区分原机床型号，如图 1-1-3 所示，型号 Y3150E 中“E”表示经过第 5 次重大改进，型号 XQ6125B 中“B”表示经过第 2 次重大改进。

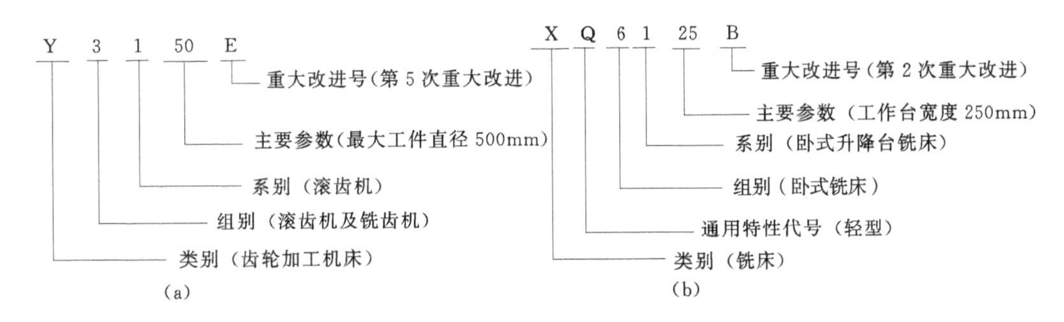

图1-1-3　机床型号示例

二、车床的基本工作内容

车削，就是在车床上利用工件的旋转运动和刀具的直线运动来改变毛坯形状和尺寸，将毛坯加工成符合图样要求的工件的操作。在机械制造业中，它能完成的切削加工最多，就其基本的工作内容来说包括车外圆、车端面、切断和车槽、钻中心孔、钻孔、车孔、铰孔、车圆锥、车成形面、车螺纹、滚花和盘绕弹簧等，如图1-1-4所示。如果在车床上装上其他附件和夹具，还可以进行镗削、磨削、研磨、抛光以及加工各种复杂零件的外圆、内孔等。因此，在机械制造工业中，车床是应用得很广泛的金属切削机床之一。

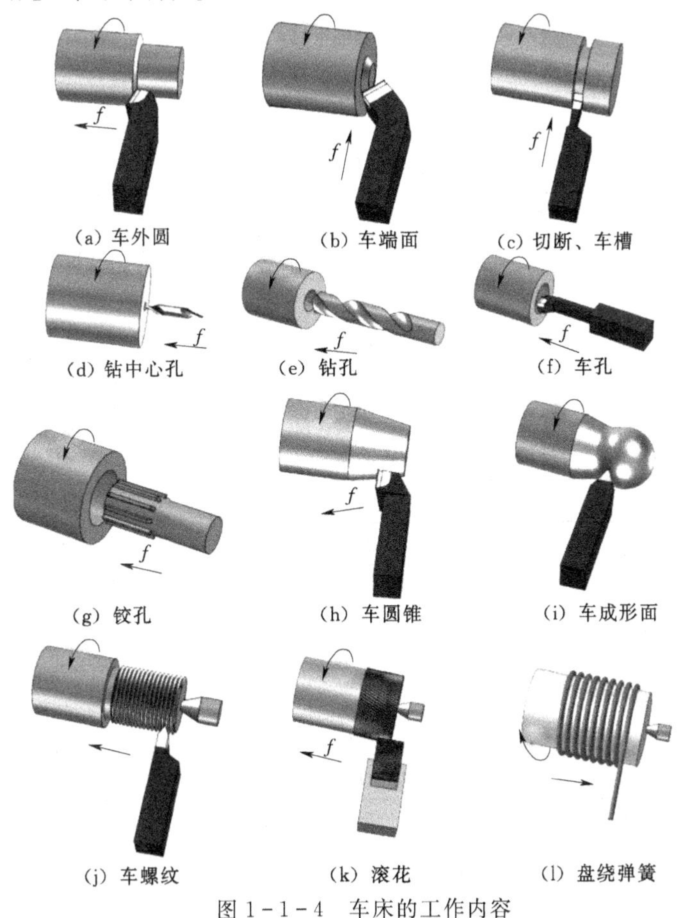

图1-1-4　车床的工作内容

三、卧式车床的主要结构

1. 卧式车床的主要组成部分

以 C6132A 车床为例，其外形结构如图 1-1-5 所示，其主要组成部件的名称和用途见表 1-1-7。

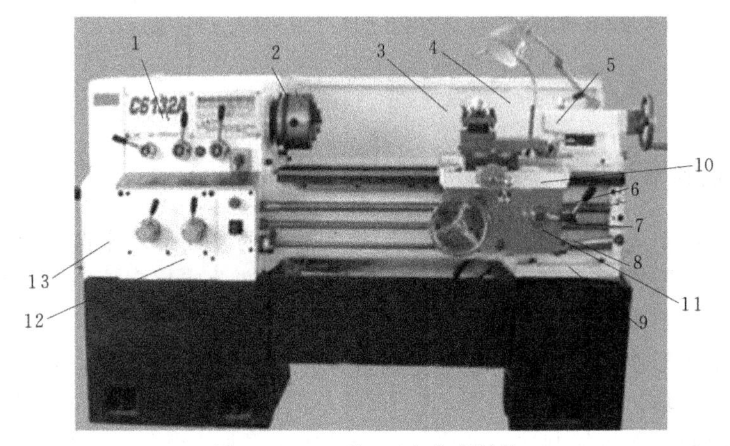

图 1-1-5　C6132A 车床结构

1—主轴箱；2—卡盘；3—刀架；4—冷却液水管；5—尾座；6—床身；7—长丝杠；8—光杠；9—操纵杆；10—溜板；11—溜板箱；12—进给箱；13—交换齿轮箱

表 1-1-7　卧式车床各部件的名称和用途

序号	部件名称	归属那个主要部分	用　途
1	主轴箱	床头箱部分	用来带动车床主轴及卡盘转动，起到变换转速的作用
2	卡盘		用来装夹工件，并带动工件一起转动
3	刀架	溜板箱部分	用来安装车刀，四方刀架可一次性安装 4 捆刀具
4	冷却液水管	附件	能让冷却液充分加注到冷却区域
5	尾座	尾座部分	用来支顶较长的工件，还可以装夹各种成形刀具，如钻头、中心钻、铰刀等
6	床身	床身部分	用来支撑各个部分
7	长丝杠	进给部分	加工螺纹时使用
8	光杠		把进给箱的进给运动传给溜板箱
9	操纵杆	溜板箱部分	启动、停止车床
10	溜板		把大、中、小拖板按要求连接在一起，实现车刀的前进后退功能
11	溜板箱		把长丝杠或光杠传递的旋转运动转换，使车刀实现前进、后退的直线运动
12	进给箱	进给部分	调整箱外手柄能得到不同的进给量，使车刀得到不同的直线运动速度
13	交换齿轮箱	交换齿轮箱部分	把主轴的转动传给进给箱或车削螺纹时来配对出不同的螺距

2. 卧式车床的传动路线

如图 1-1-6 所示，电动机利用 V 带轮把运动输入到主轴箱。一方面，通过变速机构进行变速，使主轴获得不同的转速，再经卡盘带动工件做旋转运动；另一方面，主轴把旋转运动输入到交换齿轮箱，再经进给箱变速后由丝杠或光杠带动溜板箱和刀架部分实现机动或车螺纹等运动。

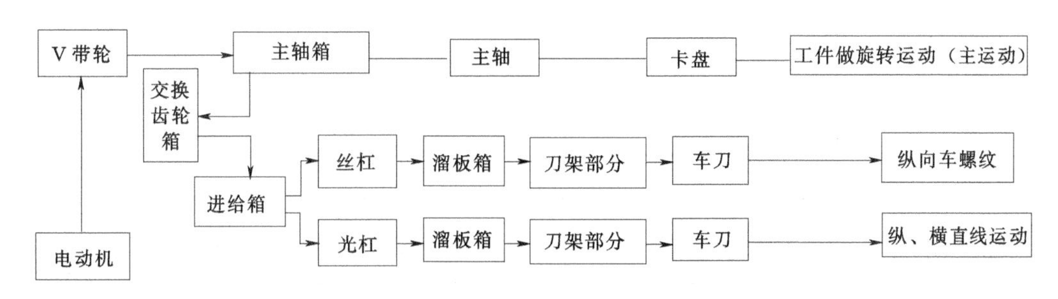

图 1-1-6　C6132A 车床传动路线

【任务实施】

本任务实施步骤见表 1-1-8。

表 1-1-8　任务实施步骤

步骤	实施内容	完成者	说明
1	教师检查学生的安全要求，分配工作任务	教师、全体学生	教师主要安排学生工作任务的实施过程要求
2	人员分组找出车间内各机床型号并做好记录	学生	教师指引车间内各设备分布情况，学生根据顺序要求进行作业
3	在车床上实践车床各部分的工作内容和作用	教师、学生	教师指导学生动手了解车床各部分构造和作用
4	以小组为单位了解车间内产品的加工内容有哪些是属于车床工作的	教师、学生	教师按组分配几件产品给学生进行讨论记录，教师从中给予讲解和分析
5	填写学习报告评分表	教师、学生	教师指导学生填写

【任务评价】

根据学生完成本任务的情况对他们的实习进行评价，评价表见表 1-1-9。

表 1-1-9　车削和车床认知学习报告评价表

组别：__________

序号	机床		车床认知		产品零件		备注
	机床种类	型号标记	部件名称	作用	零件名称	加工内容	
1							
2							

续表

序号	机　　床		车　床　认　知		产　品　零　件		备注
	机床种类	型号标记	部件名称	作用	零件名称	加工内容	
3							
4							
5							
6							
7							
8							
9							
10							
11							

【扩展视野】

一、认识其他切削机床

1．回轮车床

回轮车床（图1-1-7）没有尾座，有一个可绕水平轴线转位的圆盘形回轮刀架，刀架可以装夹较多的切削刀具，可在一次安装中完成较复杂零件表面的加工，适用于中、小批量生产。

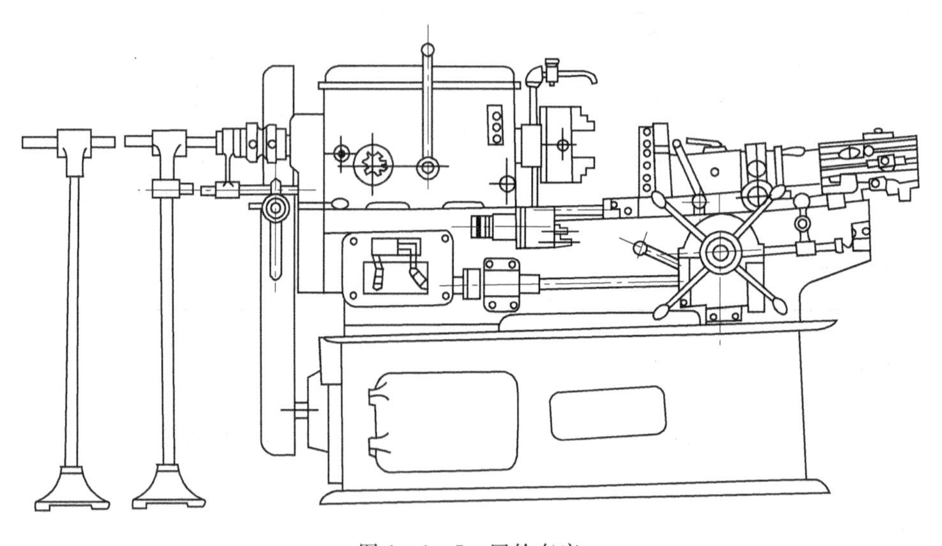

图1-1-7　回轮车床

2．转塔车床

转塔车床（图1-1-8）也没有尾座，只有一个可绕垂直轴线转位的六角转位刀架，通常六角转位刀架只能做纵向进给。

六角转位刀架也可以装夹多把切削刀具，适用于中、小批量生产。

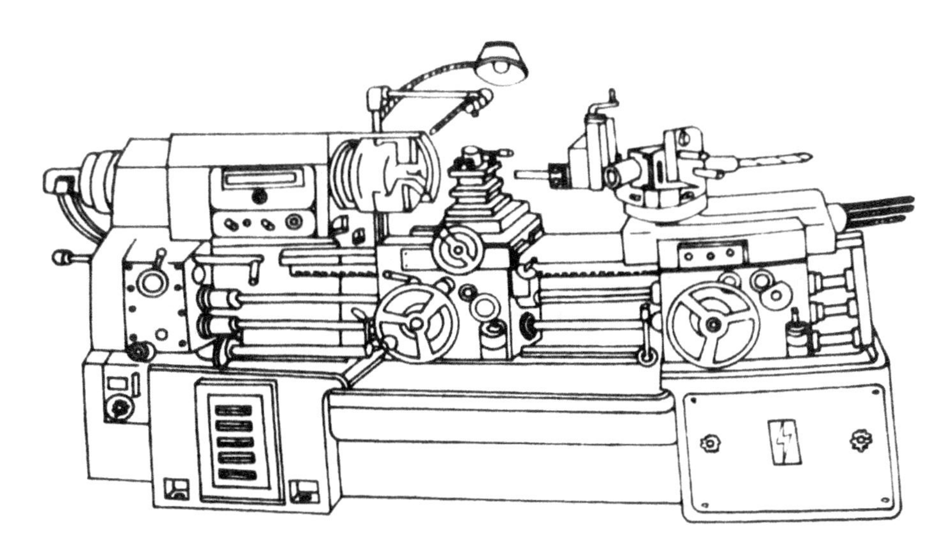

图 1-1-8　转塔车床

3. 立式车床

立式车床（图 1-1-9）分为单柱式和双柱式，用于加工径向尺寸大而轴向尺寸较短的大型和重型工件，其结构特点是主轴垂直布置，有一个直径很大的圆形工作台，供装夹工件。

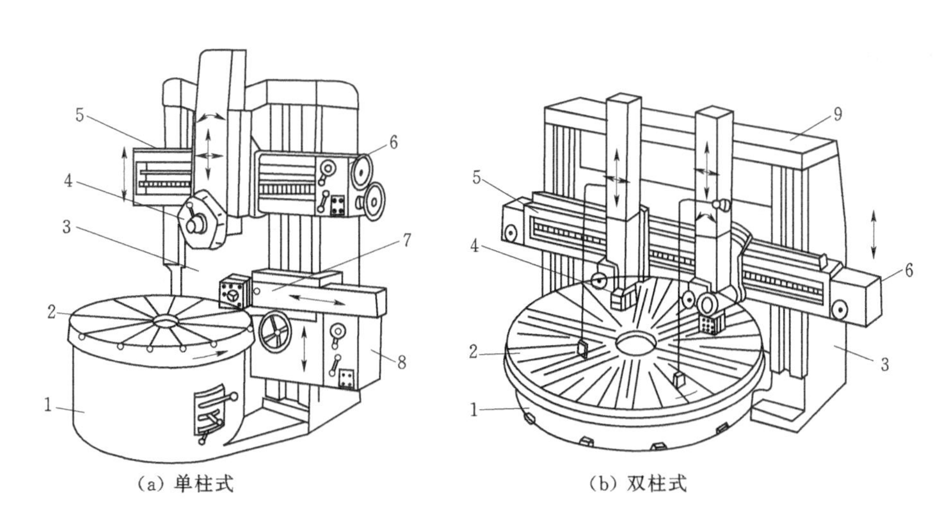

图 1-1-9　立式车床

1—底座；2—工作台；3—立柱；4—垂直刀架；5—横梁；6—垂直刀架进给箱；7—侧刀架；8—侧刀架进给箱；9—顶梁

4. 数控车床

数控车床是数字程序控制车床的简称，它集通用型车床、精密型车床和专用型车床于一身（图 1-1-10），适用于多品种、批量生产。

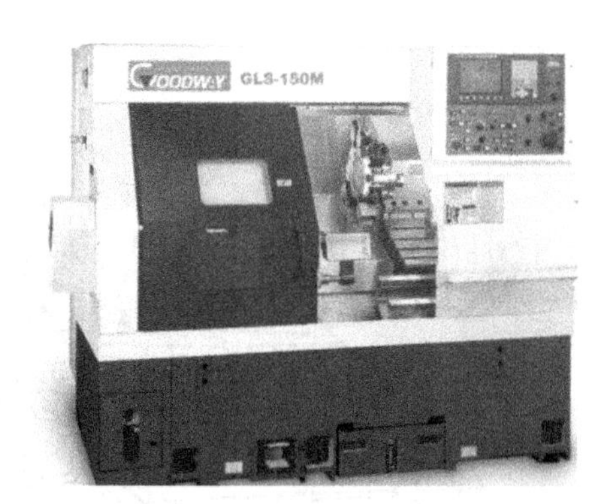

图 1-1-10 数控车床

任务二 企业技安要求认识

【任务描述】

某五金工艺制品有限公司委托学校培训一批新招入的有关车床方面的员工，人数 50 人，文化程度为初中，他们已对车床、车削的相关知识有一定了解，需要对其进行安全文明生产知识培训。

【培训任务书】

培训任务单见表 1-2-1。

表 1-2-1　　培 训 任 务 单

需方单位名称				完成日期	年 月 日	
序号	培训工种	文化程度	人数	培训、技术标准要求		
1	车工	初中	50 人	按三级工要求		
2						
培训批准日期		年 月 日	批准人			
通知任务日期		年 月 日	发单人			
接单日期		年 月 日	接单人		培训班组	车工组

【任务分析】

本任务是使学生认识车床企业生产车间的管理及车工操作的安全要求，让操作者在上岗前有一个深刻的认识和学习过程，为上岗后的工作打下扎实的车间工作管理及安全操作的思想基础。

为完成企业安全要求必须进行的内容见表 1-2-2。

表 1-2-2　　完成企业安全要求必须进行的内容

序　号	内　容
1	文明生产
2	车工安全操作规程
3	车床的润滑和保养

【实施目标】

通过学习，了解企业生产的管理要求；锻炼学生表达与沟通动手能力；能正确整理车床周边环境；能按照普通车床操作的安全规程、车间安全防护规定合理操作车床，并对车床进行日常保养。

（1）质量目标：能理解和按要求安全文明生产，并按照普通车床操作的安全规程、车间安全防护规定，操作车床并进行润滑和保养。

（2）安全目标：严格按照普通车床车间安全操作规程进行任务作业。

（3）文明目标：自觉按照普通车床车间文明生产规则进行任务作业。

【实施建议】

（1）将学生按人数平均分组，明确任务组长。

（2）分别以车间主任、班组长、一线员工等角色领取任务，责任到人。

（3）适时组织小组讨论分工、信息学习、评价学习等教学活动。

【任务信息学习】

一、文明生产

文明生产是工厂管理的一项十分重要的内容，它直接影响产品质量的好坏，影响设备和工、夹、量具的使用寿命，影响操作工人技能的发挥。所以作为职业院校的学生、工厂的后备工人，从开始学习基本操作技能时就要重视培养文明生产的良好习惯。因此，要求操作者在操作时必须做到以下要求：

（1）工作中需要变速时，必须先停车。变换进给箱手柄位置要在低速时进行。使用电器开关的车床不准用正、反车作紧急停车，以免打坏齿轮。

（2）不允许在卡盘上及床身导轨上敲击或校直工件，床面上不准放置工具或工件。

（3）装夹较重的工件时，应该用木板保护床面，下班时如工件不卸下，应用千斤顶支撑。

（4）车削铸铁、气割下料的工件应把导轨上的润滑油擦去，工件上的型砂杂质应清除干净，以免磨坏床面导轨。

（5）使用切削液时，要在车床导轨上涂上一层薄薄的润滑油。冷却泵中的切削液应定期调换。

（6）下班前，应清除车床上及车床周围的切屑及切削液，擦净后按规定在加油部位加上润滑油。

(7) 下班后将鞍摇至床尾一端，各转动手柄放到空挡位置，关闭电源。

(8) 每件工具应放在固定位置，不可随便乱放。应当根据工具自身的用途来使用，例如不能用扳手代替锤子，不能用钢直尺代替一字旋具等。

(9) 爱护量具，经常保持其清洁，用后擦净、涂油，放入盒内并及时归还工具室。

(10) 操作者应注意工、夹、量具、图样放置合理。

1) 工作时使用的工、夹、量具以及工件，应尽可能靠近和集中在操作者的周围。放置物件时，右手拿的放在右面，左手拿的放在左面；常用的放得近些，不常用的放得远些。物件放置应有固定的位置，使用后要放回原处。

2) 工具箱的布置要分类，并保持清洁、整齐。要小心使用的物体放置稳妥，重的东西放下面，轻的放上面。

3) 图样、操作卡片应放在便于阅读的部位，并注意保持清洁和完整。

4) 毛坯、半成品和成品应分开，并按次序整齐排列，以便安放或拿取。

二、车工安全操作规程

操作时必须提高执行纪律的自觉性，遵守规章制度，并严格遵守如下安全技术要求：

(1) 车工操作时要戴防护眼镜。女同志必须戴安全帽，头发或辫子应置于帽内。严禁戴手套进行操作。

(2) 进入车间工作时，一律穿工作服及密面平跟鞋，严禁穿凉鞋、拖鞋、背心、短裤、裙子进入车间。

(3) 开始工作前必须检查机床是否正常，并按润滑规定的部位加油后经低速运行1～2min，方可使用。

(4) 装拆工件，安装车刀、夹具，测量和变速等必须待车床主轴停稳后进行。

(5) 开机前，必须将工件夹紧，装牢车刀并取下卡盘匙和刀架匙方可启动。

(6) 操作时人应站在刀架的右后方，工件旋转时不得用手抚摸工件和刀具，不得擦拭工件或刀具，避免手被卷伤。

(7) 调整转速或走刀量时必须先停车。配换齿轮必须关闭电源，车头手柄应放在空挡上。

(8) 车螺纹（特别是内螺纹）不准用手去摸或用砂布抛光，避免手指卷入导致工伤。

(9) 测量工件必须先停车，待主轴完全停止转动后方可进行。

(10) 切下的铁屑不可用手拿，必须用铁钩清理，以免烫伤或割伤手指。

(11) 车头转动时，不准越过旋转的工件传递物体，不得在床面上放置工具和工件。转动小刀架时必须把大拖板退出，自动走刀时，禁止离开岗位。

(12) 使用锉刀抛光时，锉刀一定要装上木柄，用左手握柄，右手在前，避免与卡盘、鸡心夹相撞。

(13) 车偏心工件一定要加平衡铁，不能开高速，要经常检查平衡铁是否牢固。装卸重工件或卡盘时，事先垫好木板，以免砸伤床面及人身事故。

(14) 遇到自然停车时，机床手柄应退回空挡位置。下班时必须关闭电源后方可离开车间。

三、车床的润滑和保养

1. 车床的润滑方式

要使车床正常运转和减少磨损，必须对车床上所有摩擦部分进行润滑（表1-2-3）。

表1-2-3　　车床润滑的主要方式

序号	润滑方式	应用场合	说明
1	浇油润滑	车床外露的滑动表面，如床身导轨面，中、小滑板导轨面等，擦净后用油壶浇油润滑	此润滑方式一般在早晨上班时或每班下班时进行适量润滑
2	溅油润滑	车床齿轮箱内的零件一般利用齿轮的转动把润滑油飞溅到各处进行润滑	此润滑方式适用于密封的油箱内
3	油绳导油润滑	用毛线浸在油槽内，利用毛细管作用把油引到所需的润滑处，如车床进给箱就是利用油绳润滑的	毛线
4	弹子油杯润滑	尾座和中、小滑板丝杆转动轴承处，一般用弹子油杯润滑。润滑时，用油嘴把弹子揿下，滴入润滑油	
5	黄油（油脂）杯润滑	车床交换齿轮架的中间齿轮和溜板箱等部位，一般用黄油杯润滑。先在黄油杯中装满工业润滑脂，当拧进油杯盖时，润滑油就挤到轴承套内	黄油杯　黄油
6	油泵循环润滑	利用车床内的油泵供应充足的油量来润滑	车床上进行切削加工时用到的冷却润滑就是采用油泵循环润滑

2. 车床的日常维护保养及润滑要求

为了保证车床的精度，延长其使用寿命，并保证工件的加工质量，操作者除了能熟练操作车床外，还应掌握对车床进行合理的维护保养知识。其保养要求为每班下班前，切断电源后，擦净车床导轨面，要求无油污、无铁屑，擦拭车床各表面外壳、操纵手柄和操纵杆，整理工位场地。最后按要求（表 1－2－4）对车床几大部分进行润滑。

表 1－2－4　　车床几大部分的润滑要求

序号	部件名称	润滑方式	润滑要求
1	主轴箱部分	溅油润滑或油泵循环润滑	润滑应充足，采用溅油润滑或油泵循环润滑的箱内油面高度在油标孔中看出，并应三个月更换润滑油
2	交换齿轮箱部分	浇油润滑	每天下班前适量浇油润滑
3	进给箱部分	油绳导油润滑	每天下班前检查油池
4	溜板箱部分	弹子油杯润滑	每班下班前加油一次
5	床身导轨、溜板导轨	浇油润滑	每班工作前和工作后都应擦净加油一次

3. 卧式车床的一级保养

车床保养工作做得好坏，直接影响到零件加工质量和生产效率。车工除了能熟练地操纵车床以外，为了保证车床的精度和延长它的使用寿命，必须学会对车床进行合理的保养。主要是注意清洁、润滑和进行必要的调整。当车床运转 500h 后，需进行一级保养。保养工作以操作工人为主，维修工人配合进行。必须首先切断电源，然后进行保养工作，具体保养内容和要求见表 1－2－5。

表 1－2－5　　一级保养内容与要求

序号	项目	保养内容与要求
1	外保养	（1）清洗机床外表及各罩盖，保持内外清洁，无锈蚀、无油污。 （2）清洗长丝杠、光杠和操纵杆。 （3）检查并补齐螺钉、手柄球、手柄、清洗机床附件
2	主轴箱	（1）清洗滤油器，使其无杂物。 （2）检查主轴并检查螺母有无松动，紧固螺钉应锁紧。 （3）调整摩擦片间隙及制动器
3	溜板及刀架	（1）清洗刀架，调整中、小滑板镶条间隙。 （2）清洗与调整中、小滑板丝杆螺母间隙
4	交换齿轮箱	（1）清洗齿轮、轴套，并注入新油脂。 （2）调整齿轮啮合间隙。 （3）检查轴套有无晃动现象
5	尾座	清洗尾座，保持内、外清洁
6	润滑系统	（1）清洗冷却泵、滤油器、盛液盘。 （2）清洗油绳、油毡，保证油孔、油路清洁畅通。 （3）检查油质是否良好，油杯要齐全、油窗应明亮
7	电器部分	（1）清扫电动机、电器箱。 （2）电器装置应固定并整齐

【任务实施】

本任务实施步骤见表 1－2－6。

表 1-2-6　　任务实施步骤

步　骤	实　施　内　容	完　成　者	说　　明
1	学习文明生产及车工安全操作规程	教师、全体学生	教师利用教学用具让学生进行学习、讨论
2	车床润滑保养安排，步骤	教师、全体学生	教师分组安排工位指导学生对车床进行润滑保养
3	做好车床润滑保养前的工作准备	教师、全体学生	老师组织小组负责人做车床润滑保养前的工作准备
4	实施车床润滑保养工作	全体学生	教师现场指导车床润滑保养工作

操作提示：

（1）保养前做好准备工作，准备好装拆工具、清洗装置、清洗剂、润滑油料、放置机件的盘子以及备件等。

（2）按保养步骤进行。

（3）拆下的机件要成组摆放，注意不要遗失。

（4）要文明操作，注意拆装的方法和力度，以免损坏机件。

【任务评价】

根据学生完成本任务的情况对他们的实习进行评价，评价表见表 1-2-7。

表 1-2-7　　车床润滑保养质量检测评价表

序号	检　测　项　目	配　分	检　测　结　果			得　分	备　注
			合理 100%	较大（小）50%	不符合 0		
1	车床外表						
2	车床润滑部位						
3	溜板间隙调整						
4	主轴箱油面高度						
5	尾座						
6	工具摆放						
7	车床周边环境						
8	电器部分						

【扩展视野】

应用一：什么是企业的 6S 管理？

应用二：分小组讨论企业进行 6S 管理的优点（提示：可利用互联网进行学习）。

任务三　C6132A 车床基本操作

【任务描述】

某五金工艺制品有限公司委托学校培训一批新招入的有关车床方面的员工，人数 50

人，文化程度为初中，他们已学习企业技安要求，对车床有一定的认知，需要对其进行车床基本操作的培训。

【培训任务书】

培训任务单见表1-3-1。

表1-3-1　　培训任务单

需方单位名称				完成日期	年　月　日	
序号	培训工种	文化程度	人数	培训、技术标准要求		
1	车工	初中	50人	按三级工要求		
2						
培训批准日期		年　月　日	批准人			
通知任务日期		年　月　日	发单人			
接单日期		年　月　日	接单人		培训班组	车工组

【任务分析】

本培训任务是在以往对车床有一定认知的课题基础上，为进一步学习车工车床操作而展开的。通过学习和训练，能熟练地操作车床，并对车床的了解迈上一个新台阶，为以后的操作技术学习打下基础。完成C6132A车床基本操作需掌握的内容见表1-3-2。

表1-3-2　　完成C6132A车床基本操作要掌握的内容

序　号	内　容
1	主轴箱的变速操作
2	车床启动、停止操作
3	进给箱和挂轮箱的操作
4	溜板箱的操作
5	操作注意事项
6	加强训练及闯关游戏
7	操作工具准备

【实施目标】

通过对C6132A车床进行基本操作，了解本专业设备的性能；能安全熟练地操作机床。

(1) 质量目标：能按照普通车床操作的安全规程、车间安全防护规定，熟练操作车床。

(2) 安全目标：严格按照普通车床车间安全操作规程进行任务作业。

(3) 文明目标：自觉按照普通车床车间文明生产规则进行任务作业。

【实施建议】

（1）将学生按人数平均分组，明确任务组长。

（2）适时组织小组讨论分工、信息学习、评价学习等教学活动。

【任务信息学习】

一、主轴箱的变速操作

生产中应用最广的是卧式车床，而 C6132A 车床是本车间使用最多的。主轴箱的变速操作是车床操作的重要操作部件之一。

图 1－3－1 所示主轴箱的正面右上有两个手柄 A、B，每个手柄有左右两个挡位，两个手柄共有四种挡位，手柄处于中间位置为空挡；主轴箱正面右下角有个三位电源转换开关，从左到右有蓝、黄、红三种颜色，对应的有低、中、高三个转速。两个手柄四种挡位加上这个三位电源转换开关，所以车床主轴共有 12 级转速。主轴箱正面左下角的手柄用于进给或螺纹的左、右旋向变换。

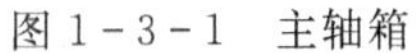
图 1－3－1　主轴箱

1－3－2　车床启停操纵杆

1．主轴变速操作

左手拨动变速手柄 A 或 B，右手同时拨动卡盘转动，当拨出需要的挡位后，右手会感到拨动卡盘的力突然加重。此时左手再转换三位电源开关到相应的颜色得出转速。变速操作要求分别调整主轴转速为 31r/min、125r/min、230r/min、300r/min。

2．主轴空挡操作

确认上一步操作完成并得到相应转速后，进行空挡操作：左手分别拨动变速手柄 A 或 B 处于手柄的中间位置，如果拨动变速手柄有阻力的，右手应同时拨动卡盘。

二、车床启停操作

（1）启动车床前检查主轴箱两个变速手柄 A、B 是否处于空挡位置。

（2）操纵杆是否处于停止状态（图 1－3－2）。操纵杆位于进给箱右边或溜板箱右边，向上提起操纵杆车床主轴正转；压下操纵杆车床主轴反转；操纵杆处于中间位置（图 1－3－2）车床，主轴则为停止状态。

（3）合上电箱上的电源总开关和车床电源总开关［图 1－3－3（b）］。车床电源总开关手柄横置时为断开，图 1－3－3（b）为接通电源状态；图 1－3－3（a）所示为车床冷却液开关，此时为断开状态；图 1－3－3（c）所示为车床照明开关，此时也为断开状态。

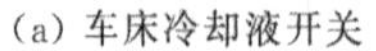

（a）车床冷却液开关　　（b）车床电源总开关　　（c）车床照明开关

图 1－3－3　车床电源开关

（4）按照给定的转速要求扳动主轴箱正面 A、B 两手柄及右下角的电源转换开关，调整主轴转速。

（5）向上提起操纵杆手柄启动车床主轴正转；拨动操纵杆手柄停止车床；再向下压下操纵杆手柄，启动车床主轴反转；最后拨动操纵杆手柄回到中间位置停止车床，主轴停止。

三、进给箱和挂轮箱的操作

挂轮箱内有两组滑移齿轮，可以左、右滑移与中间固定齿轮啮合得到不同的转速比，配合进给箱得到不同的进给量。图 1－3－4 所示进给箱铭牌表左上角显示挂轮箱内的齿轮位置，上面分四栏分别显示挂轮箱齿轮位置的相应参数。例如，当上、下两组滑移齿轮都处在最左边时，则表示两箭头都向左的一栏有效，其他的无效。

进给箱正面有左、右两个手柄，右边手柄有里、外两个挡位，里面的挡位有Ⅰ～Ⅴ挡，外面的是车外圆、端面与车螺纹的转换 S－M 图。左边手柄也有里、外两个挡位，里面的挡位有 1～6，外面的挡位有 A～F；结合进给箱上面的铭牌表，调整两个手柄的位置可以得到相应的进给量或螺纹螺距参数。图 1－3－4 所示铭牌表内的参数分 4 列 2 行，每

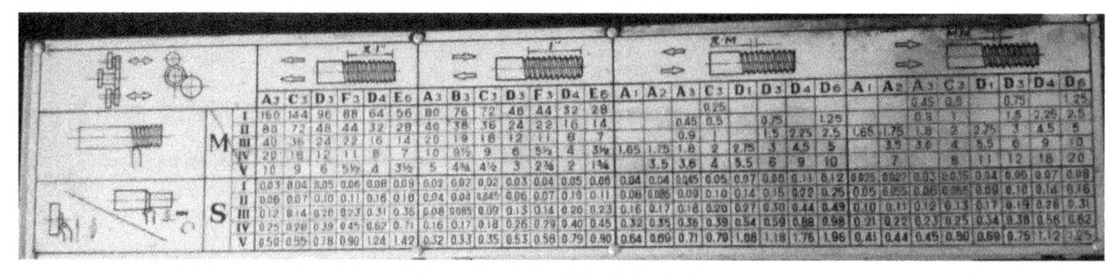

		A3	C3	D3	F3	D4	E6
M	I	160	144	96	88	64	56
M	II	80	72	48	44	32	28
M	III	40	36	24	22	16	14
M	IV	20	18	12	11	8	7
M	V	10	9	6	5½	4	3½
S	I	0.03	0.04	0.05	0.06	0.08	0.09
S	II	0.06	0.07	0.10	0.11	0.16	0.18
S	III	0.12	0.14	0.20	0.23	0.31	0.36
S	IV	0.25	0.28	0.39	0.45	0.62	0.71
S	V	0.50	0.55	0.78	0.90	1.24	1.42

		A3	B3	C3	D3	F3	D4	E6
M	I	80	76	72	48	44	32	28
M	II	40	38	36	24	22	16	14
M	III	20	19	18	12	11	8	7
M	IV	10	9½	9	6	5½	4	3½
M	V	5	4¾	4½	3	2¾	2	1¾
S	I	0.02	0.02	0.02	0.03	0.04	0.05	0.06
S	II	0.04	0.04	0.045	0.06	0.07	0.10	0.11
S	III	0.08	0.085	0.09	0.13	0.14	0.20	0.23
S	IV	0.16	0.17	0.18	0.26	0.29	0.40	0.45
S	V	0.32	0.33	0.35	0.53	0.58	0.79	0.90

		A1	A2	A3	C3	D1	D3	D4	D6
M	I				0.25				
M	II			0.45	0.5		0.75		1.25
M	III			0.9	1		1.5	2.25	2.5
M	IV	1.65	1.75	1.8	2	2.75	3	4.5	5
M	V		3.5	3.6	4	5.5	6	9	10
S	I	0.04	0.04	0.045	0.05	0.07	0.08	0.11	0.12
S	II	0.08	0.085	0.09	0.10	0.14	0.15	0.22	0.25
S	III	0.16	0.17	0.18	0.20	0.27	0.30	0.44	0.49
S	IV	0.32	0.35	0.36	0.39	0.54	0.59	0.88	0.98
S	V	0.64	0.69	0.71	0.79	1.08	1.18	1.76	1.96

		A1	A2	A3	C3	D1	D3	D4	D6
M	I			0.45	0.5		0.75		1.25
M	II			0.9	1		1.5	2.25	2.5
M	III	1.65	1.75	1.8	2	2.75	3	4.5	5
M	IV		3.5	3.6	4	5.5	6	9	10
M	V		7		8	11	12	18	20
S	I	0.025	0.027	0.03	0.035	0.04	0.05	0.07	0.08
S	II	0.05	0.055	0.06	0.065	0.09	0.10	0.14	0.16
S	III	0.10	0.11	0.12	0.13	0.17	0.19	0.28	0.31
S	IV	0.21	0.22	0.23	0.25	0.34	0.38	0.56	0.62
S	V	0.41	0.44	0.45	0.50	0.69	0.75	1.12	1.25

图 1－3－4　进给箱铭牌表

列顶端有挂轮箱两组滑移齿轮位置方向及加工螺纹类型。有车螺纹图形及字母“M”的一行表示螺纹螺距参数；而有车外圆、端面及字母“S”的一行表示进给量参数。例如，当挂轮箱内两组滑移齿轮都处在最右边，进给箱左、右两个手柄分别显示 C3、SⅢ时，则进给箱输出的为进给量参数，数值为 0.13mm。

进给箱和挂轮箱的操作步骤如下：

（1）车床在停止状态及主轴箱变速手柄处在空挡位置。

（2）打开挂轮箱外壳，检查并确定挂轮箱内两组滑移齿轮的位置正确后合上外壳。

（3）调整主轴转速到 100～300r/min。

（4）启动车床，根据进给箱上面的铭牌表显示分别调进给量为 0.1mm、0.19mm、0.38mm、0.05mm；螺距为 1.5mm、2.5mm、4mm、6mm。每操作一个数值后观察丝杆或光杆的旋转速度。

四、溜板箱的操作

图 1-3-5 所示的溜板箱及刀架部分中，床鞍（大滑板）、中滑板和小滑板的移动依靠手轮和手柄来实现，它们移动的距离依靠刻度盘来控制。床鞍的移动为纵向；中滑板的移动为横向；小滑板可以顺时针和逆时针旋转并短距离移动。在正面右边有个加工螺纹时用的开合螺母手柄 5；右边侧面手柄是机动进给手柄 4，需要机动进给时，手柄向前推则车刀横向进给，手柄向下拨则车刀纵向进给，手柄处于中间位时机动进给断开。在移动床鞍（大滑板）、中滑板和小滑板时，靠近卡盘的方向为进给方向，离开卡盘的方向为退刀方向。

图 1-3-5　溜板箱

1—床鞍（大滑板）手轮；2—中滑板手轮；3—小滑板手轮；4—机动进给手柄；5—开合螺母手柄

床鞍刻度盘刻度值：床鞍手轮每转动 1 小格，床鞍纵向移动 1mm。

中滑板刻度盘刻度值：中滑板手柄转过 1 小格，中滑板横向移动 0.05mm，但要注意在车削时，中滑板横向转过 1 小格移动 0.05mm 时工件外圆的变化量是 0.1mm。

小滑板刻度盘刻度值：小滑板手柄转过 1 小格，小滑板横向移动 0.05mm。

溜板箱的操作方法要求如下：

（1）人站在刀架的右后方，双手分左、右扶好床鞍大手轮做逆时针转动，使床鞍带动刀架做进给方向移动；或双手分左、右扶好中滑板手柄，缓慢均匀地顺时针转动，使中滑板带动刀架做横向进给方向移动；小滑板手柄双手操作时也应缓慢均匀地顺时针转动，移动小滑板带动刀架向进给方向移动，双手交替用力要均匀，并必须做到平顺交接过渡。退刀方向移动时单手快速摇动手轮作反向转动。

（2）用左手摇动床鞍大手轮，右手同时摇动中滑板手柄，做纵、横向快速靠近和快速退离工件。

（3）机动操作床鞍、中滑板，先变换主轴转速启动车床，再根据进给量调整进给箱手柄到相应位置后，操作溜板箱右边侧面手柄前、后使中滑板、床鞍移动。注意在接通机动操作后操作者手除大拇指外的四指应扶好机动进给手柄4，大拇指应按在床鞍上。

（4）双手手动分别独位操作床鞍、中滑板、小滑板，要求移动距离分别为100mm、50mm、20mm；机动操作床鞍、中滑板，要求移动距离分别为100mm、50mm，调整进给量分别为0.38mm、0.05mm。

五、操作注意事项

（1）当主轴转动时，若光杠不转，则可能是进给箱手柄位置没有扳到位。

（2）转动中、小滑板手柄时，由于丝杠与螺母之间的配合存在反向间隙，会产生空行程，即刻度盘已转动，而刀架并未同步移动。

消除间隙方法：使用刻度盘时，要先反向转动适当角度，消除反向间隙，再正向慢慢转动手柄，带动刻度盘转到所需的格数，如图1-3-6所示为消除刻度盘空行程的方法。

如果刻度盘多转了几格，不能简单地退回几格［图1-3-6（b）］，而必须向相反方向退回全部空行程（通常反向转动1/2圈），再转到所需要的刻度位置。

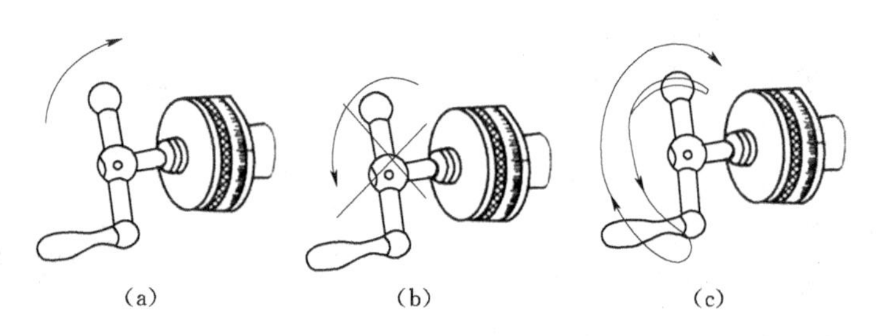

图1-3-6　消除滑板间隙方法

六、加强训练

手动操作：

（1）使床鞍纵向进给126mm，再纵向退回76mm的操作。

（2）使小滑板纵向进给0.75mm，再纵向退回0.45mm的操作。

（3）使中滑板横向进给0.80mm，再横向退回0.55mm的操作。

七、操作设备、工具准备

本任务需准备的操作设备、工具见表1-3-3。

表1-3-3　　操作设备、工具

序　号	设备、工具名称	单　位	数　量	用　　途
1	C6132A车床	台	24	主要加工设备
2	车床常用工具	套	24	操作车床

【任务实施】

本任务实施步骤见表 1-3-4。

表 1-3-4　　任务实施步骤

步　骤	实　施　内　容	完　成　者	说　　明
1	确定训练要求	教师、全体学生	教师分组安排训练项目
2	操作主轴箱手柄、启动车床	学生	教师指导学生按照安全操作要求进行训练
3	操作主轴箱手柄、启动车床、进给箱手	学生	教师指导学生按照安全操作要求进行训练
4	手动操作床鞍、中滑板、小滑板	教师、学生	教师组织小组边讲解操作床鞍、中滑板、小滑板动作要领、要求及注意事项
5	机动操作床鞍、中滑板	教师、学生	教师组织小组讲解、观看操作床鞍、中滑板动作要领及要求，注意事项

【任务评价】

根据学生完成本任务的情况对他们的实习进行评价，评价表见表 1-3-5。

表 1-3-5　　C6132A 车床基本操作检测评价表

序号	检　测　项　目	配　分	检　测　结　果			得　分	备　注
			合理 100%	较大（小）50%	不符合 0		
1	主轴箱变速	30					
2	进给箱操作	20					
3	手动操作床鞍、中滑板、小滑板	30					
4	机动操作床鞍、中滑板	20					

【扩展视野】

应用一：讨论当工件外圆从 ϕ48mm 加工到 ϕ45mm 时，中滑板刻度值应转过多少小格？

____

____

____

____

____

____

应用二：C6132A 车床刀架和小滑板的拆装、清洗。

需准备的操作工具见表 1-3-6。

表 1-3-6 操 作 工 具

序 号	工 具 名 称	单 位	数 量	用 途
1	一字螺丝刀	把	3	松紧螺丝
2	十字螺丝刀	把	3	松紧螺丝
3	六角匙	套	3	松紧螺丝
4	碎布		适量	清洁零部件
5	木头	块	3	垫板
6	毛扫	个	3	清洁零部件
7	金属清洗剂	包	3	清洗零部件
8	胶盘	个	3	清洗零部件

1. 拆洗车床刀架和小滑板

(1) 松开刀架锁紧手柄，取下刀架。

(2) 松开导轨镶条锁紧螺钉，旋转镶条调节螺钉把镶条顶出，取下镶条。

(3) 转动小滑板手柄，退出小滑板，直到小滑板丝杆脱开螺母，取下小滑板上座。

(4) 松开小滑板上座丝杆的定位螺钉，取下小滑板丝杆。

(5) 松小滑板下座两边锁紧螺母，旋转小滑板下座一个角度，再旋出锁紧螺母，取下小滑板下座。

(6) 清洗拆下的各零件并摆放整齐，清理小滑板下座与中滑板的连接槽。

2. 安装小滑板和车床刀架

(1) 安装小滑板下座，小滑板下座基准线与中滑板上的“0”刻线对准，锁紧两边螺母。

(2) 安装小滑板丝杆并拧紧定位螺钉。

(3) 安装小滑板上座，并摇动小滑板手柄让小滑板丝杆旋入下座的铜螺母内。

(4) 装入镶条和镶条锁紧螺钉，调节镶条调节螺钉调整镶条的松紧程度，以摇动小滑板手柄力度适中为止。

(5) 安装车床刀架，并装上锁紧手柄。

任务四 车床常用夹具认知

【任务描述】

某五金工艺制品有限公司委托培训一批新招入的有关车床方面的员工，人数 50 人，文化程度为初中。经过前三个任务的学习，已对本专业车床有了初步的认识和简单的操作技术。在此基础上进一步学习和训练，所以本次的学习任务为车床常用夹具认知。

【培训任务书】

培训任务单见表 1－4－1。

表 1－4－1　　　　　　　　　培 训 任 务 单

<table>
<tr><td colspan="2">需方单位名称</td><td colspan="2"></td><td>完成日期</td><td colspan="2">年　月　日</td></tr>
<tr><td>序号</td><td>培训工种</td><td>文化程度</td><td>人数</td><td colspan="3">培训、技术标准要求</td></tr>
<tr><td>1</td><td>车工</td><td>初中</td><td>50 人</td><td colspan="3">按三级工要求</td></tr>
<tr><td>2</td><td></td><td></td><td></td><td colspan="3"></td></tr>
<tr><td colspan="2">培训批准日期</td><td>年　月　日</td><td>批准人</td><td></td><td></td><td></td></tr>
<tr><td colspan="2">通知任务日期</td><td>年　月　日</td><td>发单人</td><td></td><td></td><td></td></tr>
<tr><td colspan="2">接单日期</td><td>年　月　日</td><td>接单人</td><td></td><td>培训班组</td><td>车工组</td></tr>
</table>

【任务分析】

本次培训任务是在以往学习任务课题的基础上，为进一步学习车工车床操作而开展的。本任务学习内容是常用夹具认知。常用夹具是车床的常用附件，用于装夹工件。常用的卡盘有三爪自定心卡盘和四爪单动卡盘。本任务以车床上应用最为广泛的三爪自定心卡盘为例，介绍卡盘的安装和拆卸。让学生更能理解车床加工零件的方式及必要的工具。

认知车床常用夹具要准备的内容见表 1－4－2。

表 1－4－2　　　　　　　认知车床常用夹具要准备的内容

序　　号	内　　容
1	卡盘结构、特点、作用
2	三爪自定心卡盘零部件的装卸
3	操作工具准备

【实施目标】

通过对车床常用夹具认知的学习，了解三爪自定心卡盘和四爪单动卡盘的规格、结构及其与车床主轴的连接关系；能熟练装卸卡盘的卡爪；掌握卡盘的装卸方法，能以两人配合完成卡盘的装卸工作。

（1）质量目标：能按照普通车床操作的安全规程、车间安全防护规定，完成卡盘的拆卸和安装操作。

（2）安全目标：严格按照普通车床车间安全操作规程进行任务作业。

（3）文明目标：自觉按照普通车床车间文明生产规则进行任务作业。

【实施建议】

（1）将学生按人数平均分组，明确任务组长。

（2）分别以车间主任、班组长、一线员工等角色领取任务，责任到人。

（3）适时组织小组讨论分工、信息学习、评价学习等教学活动。

【任务信息学习】

一、卡盘结构、特点、作用

卡盘的结构、特点、作用见表1-4-3。

表1-4-3　　卡盘的结构、特点、作用

卡盘种类	结构、特点、作用
四爪单动卡盘	四爪单动卡盘的优点是夹紧力较大，但由于其四个卡爪是独立运动的，所以装夹工件须进行找正，因而影响装夹效率。 适用于装夹形状不规则或较大、较重的工件
三爪自定心卡盘	三爪自定心卡盘的特点是三爪同步运动，实现自动定心装夹工件；其装夹工件一般不需找正，装夹快捷方便。 适用于精度要求不是很高，形状规则（如圆柱形、正三角形、正六边形等）的中、小型工件的装夹 1—方孔；2—小锥齿轮；3—大锥齿轮；4—平面齿轮；5—卡爪；6—卡盘壳体

二、三爪自定心卡盘零部件的装卸

三爪自定心卡盘常用的三爪自定心卡盘规格有150mm、200mm、250mm等。

1．拆卸步骤

（1）拆下卡爪：将卡盘扳手插入卡盘方孔，逆时针旋转卡盘扳手，将卡爪拆下。

（2）如图1-4-1（a）所示，查找并按顺序排放好1、2、3号卡爪：卡爪号通常可在卡爪侧面找到，若号码不清晰，则可把三个卡爪并列排放，比较卡爪背面螺纹牙数的多少，最多的为1号卡爪，最少的为3号卡爪。

（3）如图1-4-1（b）所示，松去三个定位螺钉7，取出三个小锥齿轮5，然后松去三个紧固螺钉 8，取出防尘盖板 6 和带有平面螺纹的大锥齿轮。

（4）整理好所有的零部件，摆放整齐。

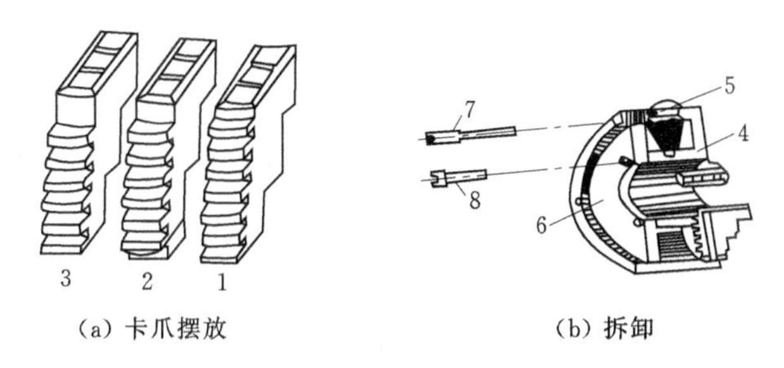

(a) 卡爪摆放　　(b) 拆卸

图 1-4-1　拆卸卡盘

1～3—1～3 号卡爪；4—卡盘壳体；5—小锥齿轮；6—防尘盖板；7—定位螺钉；8—紧固螺钉

2. 安装步骤

（1）安装大锥齿轮到壳体内，用手能拨动大锥齿轮旋转。

（2）安装三个小锥齿轮，并拧紧三个定位螺钉。

（3）安装防尘盖板，并拧紧三个紧固螺钉。

（4）安装卡爪：用卡盘扳手的方榫插入卡盘的方孔中并顺时针旋转、带动大锥齿轮的平面螺纹转动。当平面螺纹的端扣转到将要接近壳体槽时，将 1 号卡爪装入壳体槽内，继续顺时针转动卡盘扳手，按相同方法将其余两个卡爪按 2 号、3 号顺序逆时针方向装入，如图1-4-2所示。注意：三个卡爪必须在平面螺纹的端扣转动一周内全部装入。

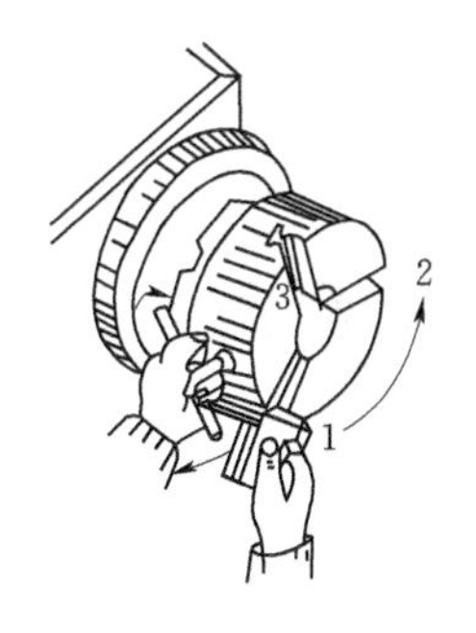

图 1-4-2　安装卡爪

三、操作工具准备

本任务需要准备的操作工具见表 1-4-4。

表 1-4-4　　操　作　工　具

序　号	工　具　名　称	单　位	数　量	用　　途
1	三爪自定心卡盘	个	3	主要训练设备
2	一字螺丝刀	把	3	松紧螺丝
3	十字螺丝刀	把	3	松紧螺丝
4	六角匙	套	3	松紧螺丝
5	碎布		适量	清洁卡盘零部件
6	木头	块	3	垫板
7	卡盘匙	把	3	拆装卡爪

【任务实施】

本任务实施步骤见表 1-4-5。

表 1-4-5　　任务实施步骤

步　骤	实施内容	完成者	说　明
1	确定训练要求	教师、全体学生	教师分组安排训练项目
2	每人在安排的车床上训练卡爪拆装	学生	教师指导学生安装卡爪
3	三爪自定心卡盘零部件的拆装	学生	教师演示三爪自定心卡盘零部件的拆装顺序。拆下的零部件如何摆放等

【任务评价】

根据学生完成本任务的情况对他们的实习进行评价，评价表见表 1-4-6。

表 1-4-6　　卡爪拆装检测评价表

序　号	检测项目	配　分	检测结果			得　分	备　注
			合理 100%	一般 50%	不符合 0		
1	卡爪拆装	40					
2	卡盘零部件的拆装	60					

【扩展视野】

应用一：认识液压、气动卡盘。

随着自动、半自动机床和数控机床的普及，液压、气动卡盘的应用也越加普及，这类卡盘由液压、气动控制，大大提高了装卸工件的效率，减轻了工人的劳动强度。

液压、气动卡盘如图 1-4-3 所示。

应用二：讨论四爪卡盘卡爪的安装与三爪卡盘卡爪的安装有什么不同。

(a) 液压卡盘

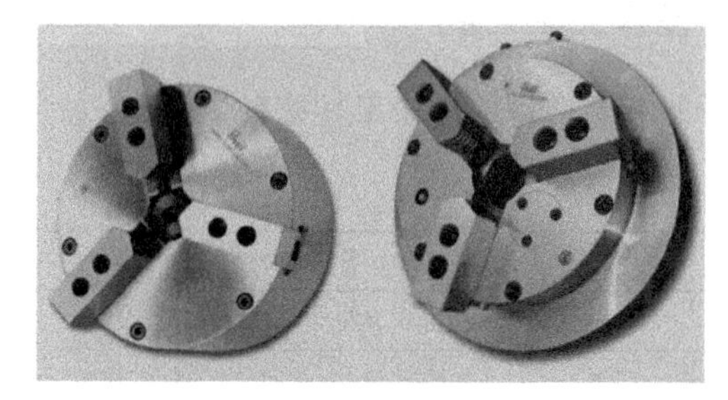

(b) 气动卡盘

图 1-4-3　液压、气动卡盘

任务五　车床常用量具使用

【任务描述】

某五金工艺制品有限公司委托学校培训一批新招入的有关车床方面的员工，人数 50

人，文化程度为初中。该批培训人员已经过前几个任务的学习和训练，掌握了本专业车床的一些基本的知识和操作技能。

【培训任务书】

培训任务单见表 1-5-1。

表 1-5-1　　培 训 任 务 单

需方单位名称				完成日期	年　月　日	
序号	培训工种	文化程度	人数	培训、技术标准要求		
1	车工	初中	50 人	按初级工要求		
2						
培训批准日期		年　月　日	批准人			
通知任务日期		年　月　日	发单人			
接单日期		年　月　日	接单人		培训班组	车工组

【任务分析】

经过前几个任务的训练，已对车床有了深入的理解。而零件尺寸精度的保证离不开量具的使用，量具是车床操作者为保证产品质量的重要工具之一。在学习车削之前，必须熟练使用车床常用量具。

为完成常用量具使用必须进行的准备内容见表 1-5-2。

表 1-5-2　　为完成常用量具使用必须进行的准备内容

序　号	内　容
1	单位换算
2	卡钳、钢尺
3	游标卡尺
4	千分尺

【实施目标】

通过用量具对实物进行测量，掌握常用量具的测量方法、测量技巧、测量要求；能合理安排工作岗位、安全操作机床加工产品。

（1）质量目标：能按常用量具的使用要求、保养要求及量具本身特点合理使用量具，达到测量准确、快捷。

（2）安全目标：严格按照普通车床车间安全操作规程及量具的安全使用要求进行任务作业。

（3）文明目标：自觉按照普通车床车间文明生产规则进行任务作业。

【实施建议】

（1）将学生按人数平均分组，明确任务组长。

（2）分别以车间主任、班组长、一线员工等角色领取任务，责任到人。

（3）适时组织小组讨论分工、信息学习、评价学习等教学活动。

【任务信息学习】

一、单位换算

国家标准规定，在机械工程图样中所标注的线性尺寸一般以毫米（mm）为单位，且不需标注计量单位的代号或名称，如“20”即为“20mm”，“100”即为“100mm”，“0.01”即为“0.01mm”。

在国际上，有些国家（如美国、加拿大等）采用英制长度单位。我国规定限制使用英制单位。机械工程图样上所标注的英制尺寸是以英寸（in）为单位的。如 0.06in，$\frac{3}{4}$ in，$1\frac{3}{4}$in等。毫米（mm）和英寸（in）的换算关系为：1in＝25.4mm，1mm＝$\frac{1}{25.4}$ in＝0.03937in。

二、卡钳、钢直尺

卡钳和钢直尺的外形如图 1－5－1 所示。

对于精度要求较低的尺寸，可用钢直尺和卡钳分别测量（图 1－5－2、图 1－5－3）。

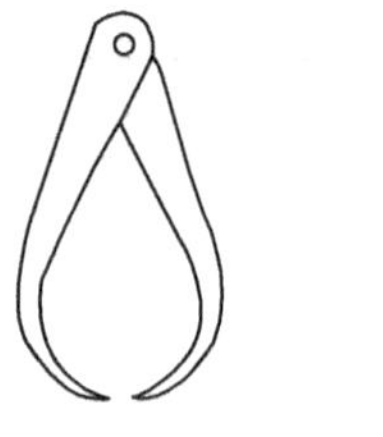

（a）外卡钳　（b）内卡钳　（c）钢直尺

图 1－5－1　卡钳、钢直尺

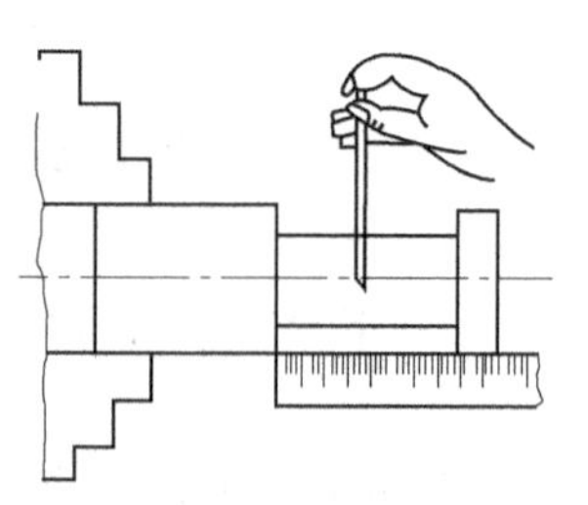

（a）用钢直尺测量矩形沟槽的宽度

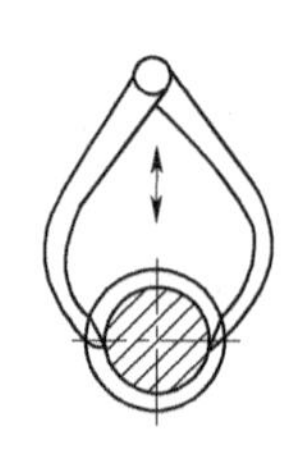

（b）用外卡钳测量矩形沟槽的宽度和直径

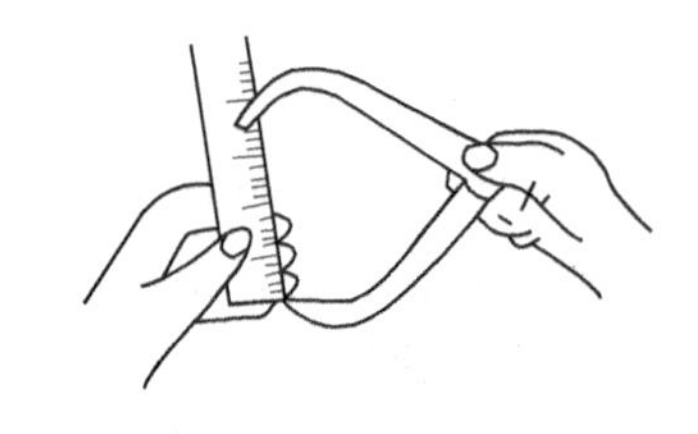

（c）用外卡钳在钢直尺上取数

图 1－5－2　钢直尺和外卡钳的测量

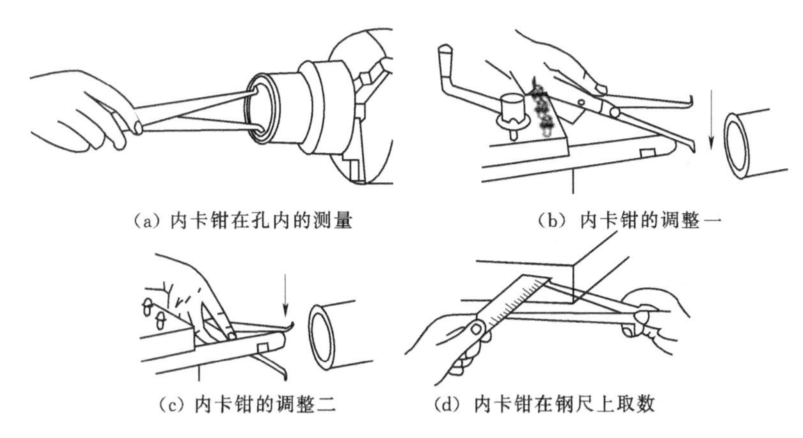

(a) 内卡钳在孔内的测量　(b) 内卡钳的调整一

(c) 内卡钳的调整二　(d) 内卡钳在钢尺上取数

图 1-5-3　内卡钳的测量

三、游标卡尺

游标卡尺是车工最常用的中等精度的通用量具，其结构简单，使用方便。按式样不同，可分为三用游标卡尺和双面游标卡尺，如图 1-5-4 所示。

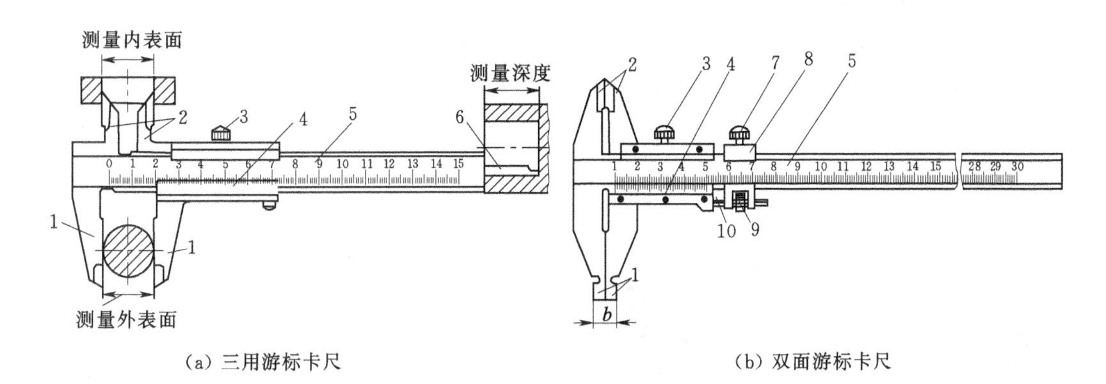

(a) 三用游标卡尺　(b) 双面游标卡尺

图 1-5-4　游标卡尺

1—下量爪；2—上量爪；3、7—紧固螺钉；4—游标；5—尺身；
6—深度尺；8—微调装置；9—滚花螺母；10—小螺杆

1. 游标卡尺的读数方法

游标卡尺的测量范围分别为 0～125mm、0～150mm、0～200mm、0～300mm 等。游标卡尺的测量精度有 0.02mm、0.05mm 和 0.1mm 三种。

以图 1-5-5 (b) 所示的游标测量精度为 0.02mm 的游标卡尺为例，其读数方法可分为以下三个步骤：

(1) 读整数。先读出游标“0”刻度线左边主尺身上的整毫米数，主尺身上每 1 小格为 1mm。图 1-5-5 (b) 所示读出的整数值为 9mm。

(2) 读小数。再找出与主尺身上某刻度线对齐的刻线格数，刻线格数是从游标“0”刻线开始数到对齐的刻度线。用刻线格数乘以游标的测量精度，得到小数部分。图 1-5-5 (b)所示读出的小数值为 21×0.02=0.42 (mm)。

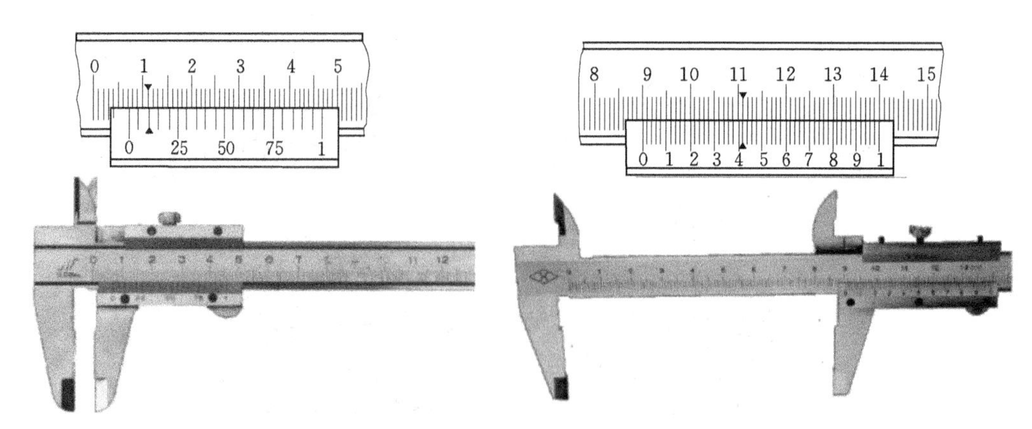

(a) 游标的测量精度为 0.05mm 的游标卡尺　　(b) 游标的测量精度为 0.02mm 的游标卡尺

图 1-5-5　游标卡尺的精度

(3) 整数加小数。最后将整数和小数相加，即为被测尺寸：9+0.42=9.42 (mm)。

四、千分尺

1. 千分尺的种类和结构

千分尺是生产中最常用的一种精密量具。种类很多，如图 1-5-6 示，按用途可分为外径千分尺、内径千分尺、内测千分尺、深度千分尺、螺纹千分尺和壁厚千分尺等。千分尺的测量范围分别为 0～25mm、25～50mm、50～75mm、75～100mm 等，即每 25mm 为一挡。外径千分尺的结构如图 1-5-7 所示。

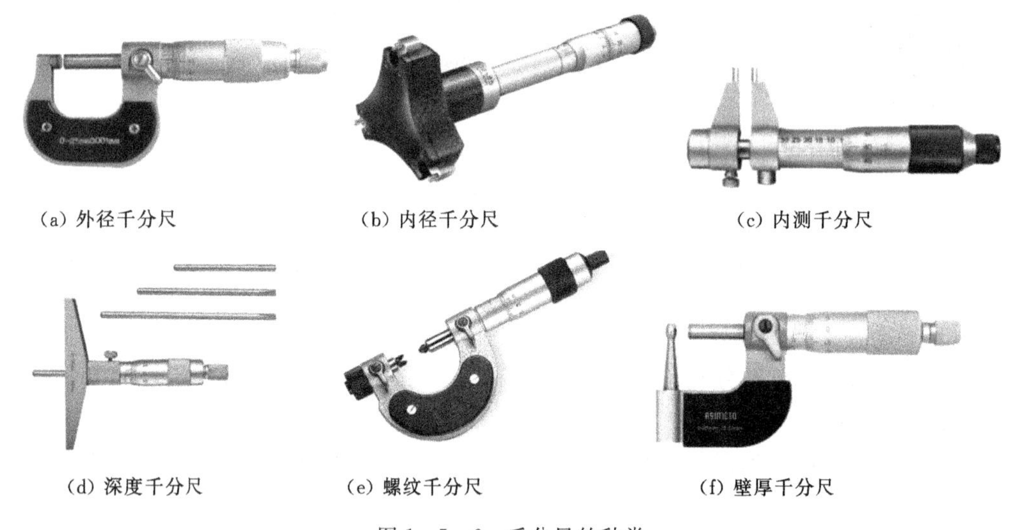

(a) 外径千分尺　(b) 内径千分尺　(c) 内测千分尺

(d) 深度千分尺　(e) 螺纹千分尺　(f) 壁厚千分尺

图 1-5-6　千分尺的种类

2. 千分尺的使用

千分尺的固定套管上刻有基准线，在基准线的上、下有两排刻线分别表示整毫米数和半毫米数。微分筒的外圆锥面上刻有 50 格刻度，微分筒每转动一格，测微螺杆移动 0.01mm，所以千分尺的分度值为 0.01mm。

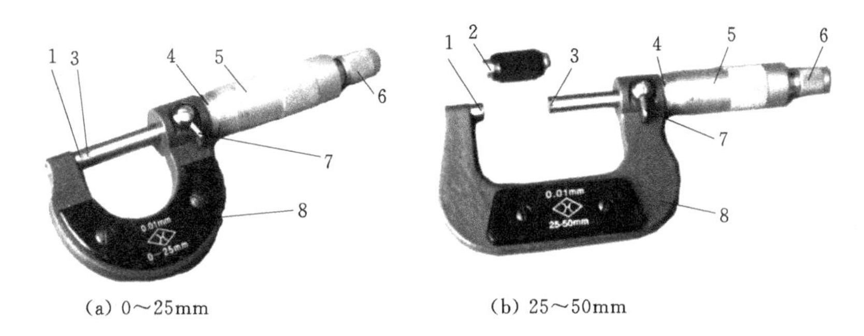

(a) 0～25mm　　(b) 25～50mm

图 1-5-7　外径千分尺

1—砧座；2—校对样棒；3—测微螺杆；4—固定套筒；5—微分筒；6—测力装置（棘轮）；7—锁紧手柄；8—尺架

（1）测量操作。测量工件时，先转动千分尺的微分筒，待测微螺杆的接近工件被测表面时，再转动测力装置，使测微螺杆的测量面接触工件表面，当听到 2～3 声“咔咔”声响后停止转动，读取工件尺寸。为防止尺寸变动，可转动锁紧手柄，锁紧测微螺杆。

（2）读取尺寸。以 0～25mm 千分尺为例，其读数方法可分为以下三个步骤：

1）读整数和半毫米数。先读出固定套筒上露出刻线的整毫米数和半毫米数，注意固定套筒上下两条相邻刻线的间距为每格 0.5mm。如图 1-5-8 所示整毫米数和半毫米数为 11.5mm。

2）读小数。读出与固定套筒基准线对准的微分筒上的刻线格数，乘以千分尺的分度值 0.01mm，如图 1-5-8 所示小数为 19×0.01=0.19（mm）。

3）计算尺寸。把整数、半毫米数和小数相加得出被测表面的尺寸。图 1-5-8 所示的 0～25mm 千分尺读数即为：11.5+0.19=11.69（mm）。

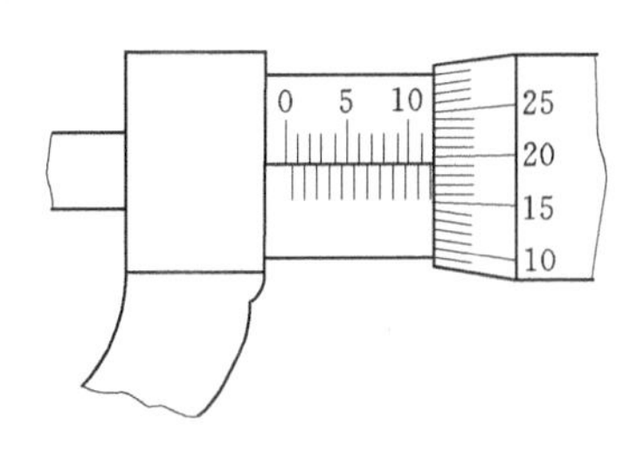

图 1-5-8　千分尺的识读

（3）千分尺使用注意事项。千分尺在使用测量前必须校正零位，如果零位不准，偏移较小时可用专用扳手转动固定套管。但当零位偏移较多时，可松开紧定螺钉，使测微螺杆与微分筒松动，再转动微分筒来对准零位。千分尺的零位校正如图 1-5-9 所示。

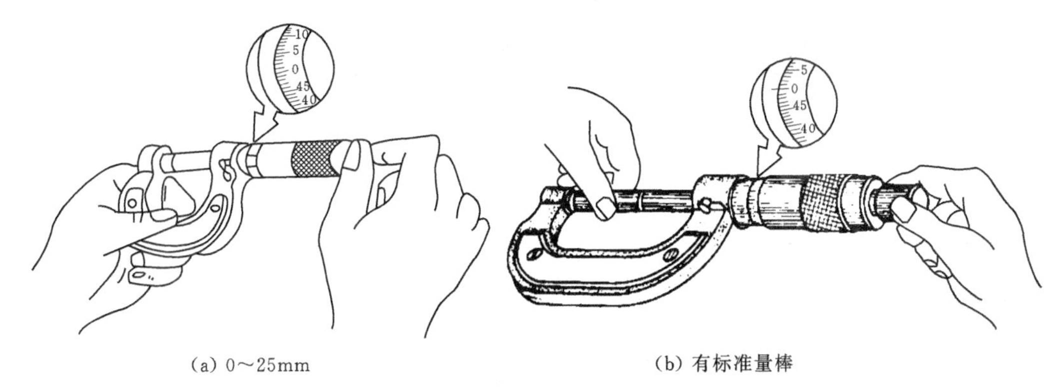

(a) 0～25mm　　(b) 有标准量棒

图 1-5-9　千分尺的零位校正

3. 内卡钳、千分尺测量内孔

内卡钳配合千分尺可以测量精度高的内孔，测量方便，范围广，但需要比较高的操作技术。其操作步骤：

（1）内卡钳在孔内的测量。两卡脚连线必须垂直于内孔的轴心线；测量时要一卡脚在孔壁上固定不动，另一卡脚在孔内要有一定量的轻轻摆动，其摆动量 $s=\sqrt{0.08d}$ ，其中 d 为被测孔径。

（2）内卡钳在千分尺上取数。左手拿千分尺，用右手大拇指、食指和中指拿内卡钳，卡钳两卡脚连线必须垂直于千分尺测量柱面，下卡脚固定在千分尺测量柱面上，另一卡脚轻轻摆动，并感觉有没有轻微的接触，如果有轻微接触，将千分尺尺寸增大 0.01mm 再感觉有没有接触，如果没有感觉到接触则内卡钳此时的尺寸则为千分尺尺寸增大 0.01mm 前的数值。

本任务需要准备的工具见表 1－5－3。

表 1－5－3　　操 作 工 具

序　号	工 具 名 称	单　位	数　量	用　　途
1	内卡钳、外卡钳、150mm 钢尺	套	24	用于完成任务
2	0～125mm 游标卡尺	把	24	用于完成任务
3	0～25mm 千分尺	把	24	用于完成任务
4	20～50mm 千分尺	把	24	用于完成任务
5	带内孔的零件	件	24	用于完成任务

【任务实施】

本任务实施步骤见表 1－5－4。

表 1－5－4　　任 务 实 施 步 骤

步　骤	实 施 内 容	完 成 者	说　　明
1	认识钢直尺、内、外卡钳	教师、全体学生	教师引导学生认识钢直尺
2	认识游标卡尺及使用	教师、全体学生	教师引导学生认识游标卡尺及使用
3	认识千分尺及使用	教师、全体学生	教师引导学生认识千分尺及使用
4	内卡钳配合千分尺测量内孔	教师、全体学生	教师讲解内卡钳使用要求，组织小组观看教师演示内卡钳测量内孔及在千分尺上读数方法。教师演示完成后，学生独立操作，教师检查

【任务评价】

根据学生完成本任务的情况对他们的实习进行评价，评价表见表 1－5－5。

表 1-5-5　　量具使用检测评价表

序号	检测项目	配分	检测结果			得分	备注
			合理 100%	较大（小）50%	不符合 0		
1	钢直尺	20					
2	游标卡尺及使用	20					
3	千分尺及使用	20					
4	内卡钳配合千分尺测量内孔	30					
5	时间（180min）	10					

【扩展视野】

应用一：如图 1-5-10 所示，卡规如何使用？

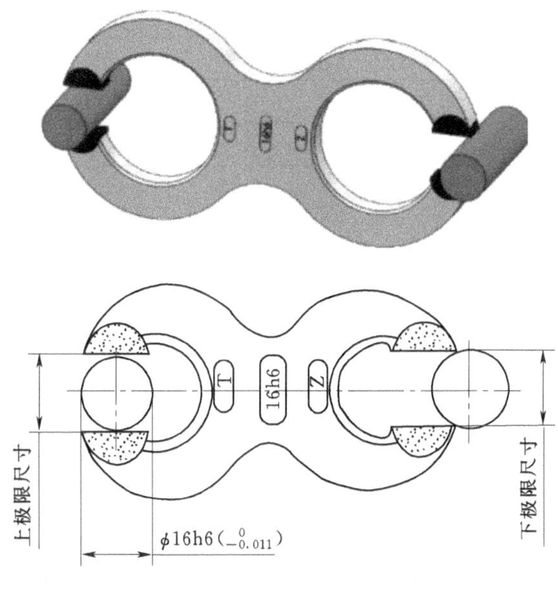

图 1-5-10　卡规的使用

应用二：认识数显游标卡尺和电子数显千分尺（图 1-5-11、图 1-5-12）。

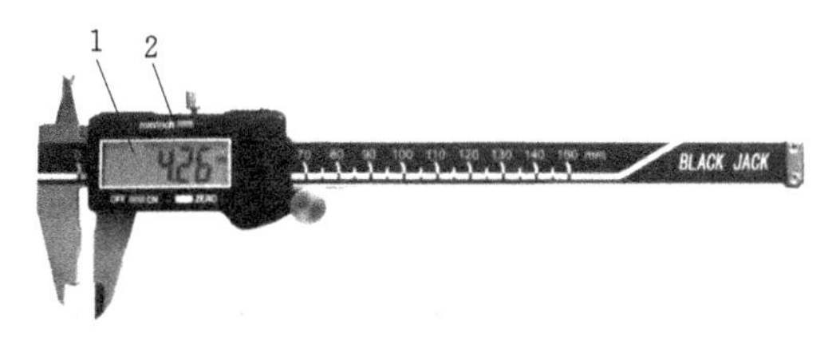

图 1-5-11　电子数显游标卡尺

1—数字显示部分；2—米制英制转换键

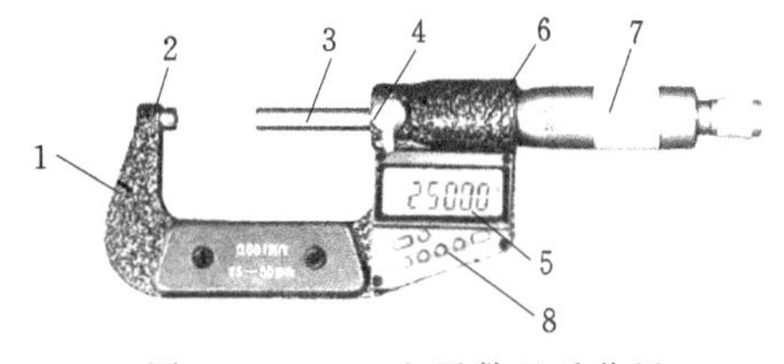

图 1-5-12　电子数显千分尺

1—弓架；2—测砧；3—测微螺杆；4—制动器；5—显示屏；6—固定套管；7—微分筒；8—按钮

任务六 90°外圆车刀的刃磨

【任务描述】

某五金工艺制品有限公司委托学校培训一批新招入的有关车床方面的员工，人数50人，文化程度为初中。该批学员培训已经经过前几个任务的学习和训练，掌握了本专业车床的一些基本的知识和操作技能。本培训任务为对车床常用刀具进行学习和刃磨。

【培训任务书】

培训任务单见表1－6－1，90°外圆车刀如图1－6－1所示。

表1－6－1　　　　培训任务单

需方单位名称				完成日期	年　月　日	
序号	培训工种	文化程度	人数	培训、技术标准要求		
1	车工	初中	50人	按初级工要求		
2						
培训批准日期		年　月　日	批准人			
通知任务日期		年　月　日	发单人			
接单日期		年　月　日	接单人		培训班组	车工组

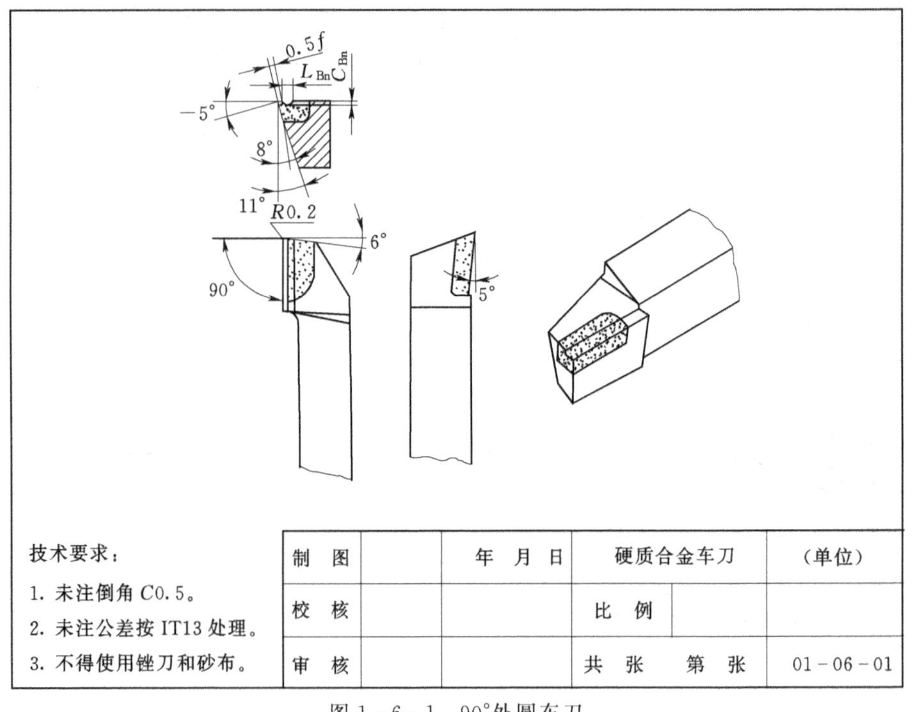

图1－6－1　90°外圆车刀

【任务分析】

本任务以刃磨 90°外圆车刀为主要目标，从学习车削的基本知识开始，理解刀具材料、刀具几何形状和刀具基本角度，掌握刀具的刃磨要求和方法，要学习的内容见表 1-6-2。

表 1-6-2　为完成刃磨 90°外圆车刀要学习的内容

序　号	内　容
1	常用车刀的种类、用途及切削运动
2	刀具材料
3	刀具几何形状
4	刀具基本角度
5	刀具的刃磨要求和方法
6	操作要点及安全注意事项
7	操作设备及工具准备

【实施目标】

通过用量具对实物进行测量；掌握常用量具的测量方法、测量技巧、测量要求。能合理安排工作岗位、安全操作机床加工产品。

（1）质量目标：能按步骤要求刃磨 90°外圆车刀，并按照刀具刃磨操作的安全规程、车间安全防护规定，操作砂轮刃磨出 90°外圆车刀。

（2）安全目标：严格按照刀具刃磨操作的安全规程进行任务作业。

（3）文明目标：自觉按照普车间安全防护规定进行任务作业。

【实施建议】

（1）将学生按人数平均分组，明确任务组长。

（2）分别以车间主任、班组长、一线员工等角色领取任务，责任到人。

（3）适时组织小组讨论分工、信息学习、评价学习等教学活动。

【任务信息学习】

一、常用车刀的种类、用途及切削运动

1. 常用车刀的种类、用途

由于车削加工的内容不同，必须采用不同种类的车刀，如 90°车刀、45°车刀、切断刀、车孔刀、成形刀、车螺纹刀和硬质合金机械夹固式可转位车刀等（图 1-6-2）。

（1）90°车刀（偏刀）用来车削工件的外圆、台阶和端面。

（2）45°车刀（弯头车刀）用来车削工件的外圆、端面和倒角。

（3）切断刀用来切断工件或在工件上切出沟槽。

（4）车孔刀用来车削工件的内孔。

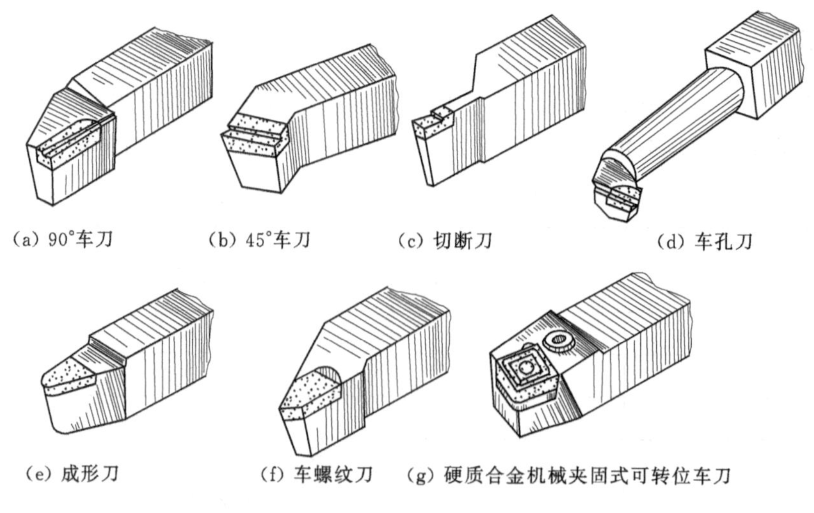

图 1-6-2　常用车刀

(5) 成形刀用来车削工件台阶处的圆角和圆槽或车削成形面工件。

(6) 车螺纹刀用来车削螺纹。

(7) 硬质合金机械夹固式可转位车刀是近年来国内外大力发展和广泛应用的先进刀具之一。刀片不需焊接，用机械夹固方式装夹在刀杆上（图 1-6-3）。当刀片上的一个切削刃磨钝以后，只需松开夹紧装置，将刀片转过一个角度，即可用新的切削刃继续切削，从而大大缩短换刀和刃磨车刀等时间，提高刀杆利用率。

图 1-6-3　硬质合金机械夹固式可转位车刀的装夹

硬质合金机械夹固式可转位车刀可根据加工内容的不同，选用不同形状和角度的刀片（如正三边形、凸三边形、正方形、正五边形等）可组成外圆车刀、端面车刀、切断刀、车孔刀、车螺纹刀等。

各种车刀的用途如图 1-6-4 所示。

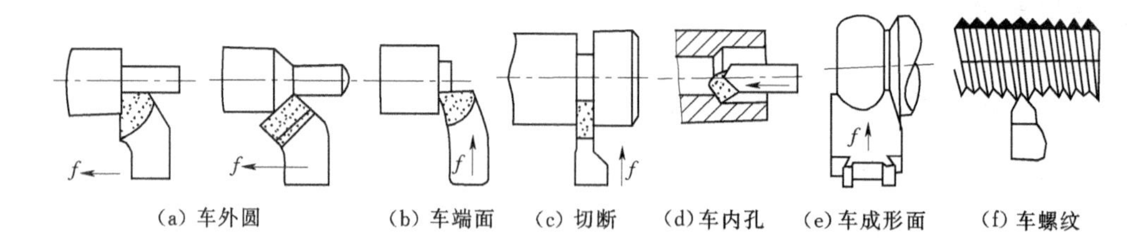

图 1-6-4　车刀的用途

2. 切削运动

(1) 工作运动是在切削过程中，为了切除多余的金属，必须使工件和刀具做相对的工作运动。按其作用，工作运动可分为主运动和进给运动两种。

1）主运动是消耗机床的主要动力。车削时，工件的旋转运动是主运动。

2）进给运动是使多余材料不断被去除的工作运动。车削时刀具的移动是进给运动。

（2）工件上形成的表面是车刀切削工件时，使工件上形成已加工表面、过渡表面和待加工表面（图 1-6-5）。

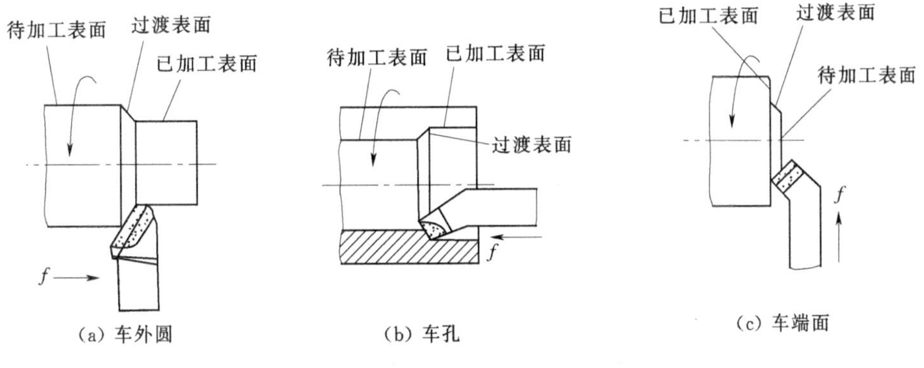

图 1-6-5　工件上的三个表面

1）已加工表面是工件上经刀具切削后产生的表面。

2）过渡表面是工件上由切削刃形成的那部分表面。

3）待加工表面是工件上有待切除的表面。

二、刀具材料

1. 车刀切削部分应具备的基本性能

车刀切削部分在很高的温度下工作，经受连续强烈的摩擦，并承受很大的切削力和冲击。所以车刀切削部分应具备的基本性能如下：

（1）较高的硬度和耐磨性。

（2）足够的强度和韧性。

（3）较高的耐热性和较好的导热性。

（4）良好的工艺性和经济性。

2. 车刀切削部分的常用材料

车刀切削部分的常用材料有高速钢和硬质合金两大类。

高速钢是一种含合金元素较多的工具钢。高速钢刀具制造简单、刃磨方便、容易磨得锋利，韧性较好，能承受较大的冲击力，因此常用于加工一些冲击性较大、形状不规则的工件。也常作为精加工车刀以及成形车刀的材料。但耐热性较差，因此不能用于高速切削。高速钢的类别、常用牌号、性质及应用见表 1-6-3。

表 1-6-3　　高速钢的类别、常用牌号、性质及应用一览表

类　别	常用牌号	性　质	应　用
钨系	W18Cr4V (18—4—1)	性能稳定，刃磨及热处理工艺控制较方便	金属钨的价格较高，国外已很少采用。目前国内使用普遍，以后将逐渐减少

续表

类　别	常用牌号	性　质	应　用
钨钼系	W6Mo5Cr4V2 (6—5—4—2)	最初是国外为解决缺钨而研制出以取代W18Cr4V的高速钢（以1%的钼取代2%的钨）其高温塑性与韧性都超过W18Cr4V，而其切削性能却大致相同	主要用于制造热轧工具，如麻花钻等
	W9Mo3Cr4V (9—3—4—1)	根据我国资源的实际情况而研制的刀具材料，其强度和韧性均比W6Mo5Cr4V2好，高温塑性和切削性能良好	使用将逐渐增多

硬质合金是一种用钨和钛的碳化物粉末加钴作为黏结剂，高压压制成型后再高温烧结而成的粉末冶金制品。其硬度、耐磨性、耐热性均高于高速钢。但韧性较差，不能承受较大的冲击力。硬质合金的分类、成分、用途、常用代号以及与旧牌号的对照等见表1-6-4。

表1-6-4　硬质合金的分类、成分、用途、常用代号以及与旧牌号的对照等一览表

类　别	成　分	用　途	被加工材料	常用代号	性能		适用的加工阶段	相当于旧牌号
					耐磨性	韧性		
K类 （钨钴类）	WC+Co	适用于加工铸铁、有色金属等脆性材料或冲击性较大的场合。但在切削难加工材料或振动较大（如断续切削塑性金属）的特殊情况时也较合适	适于加工短切屑的黑色金属、有色金属及非金属材料	K01	↑	↓	精加工	YG3
				K20			半精加工	YG6
				K30			粗加工	YG8
P类 （钨钛钴类）	WC+TiC +Co	适用于加工钢或其他韧性较大的塑性金属，不宜用于加工脆性金属	适于加工长切屑的黑色金属	P01	↑	↓	精加工	YT30
				P10			半精加工	YT15
				P30			粗加工	YT5
M类 ［钨钛钽（铌）钴类］	WC+TiC+TaC（NbC +Co)	即可加工铸铁、有色金属，又可加工碳素钢、合金钢，故又称通用合金。主要用于加工高温合金、高锰钢、不锈钢以及可锻铸铁、球墨铸铁、合金铸铁等难加工材料	适于加工长切屑或短切屑的黑色金属和有色金属	M10	↑	↓	精加工、半精加工	YW1
				M20			半精加工、粗加工	YW2

三、车刀的主要组成

车刀是由刀头（或刀片）和刀柄两部分组成。刀头部分担负切削工作，所以又称切削部分。刀柄用于把车刀装夹在刀架上。图1-6-6所示为车刀刀头的结构，刀头由若干刀面和切削刃组成。以外圆车刀为例有三面、二刃、一刀尖之说，但切断刀例外。

（1）前刀面是刀具上切屑流过的表面。

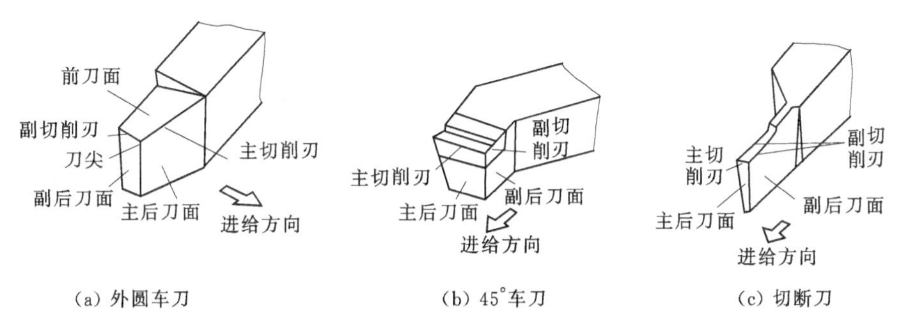

(a) 外圆车刀　　(b) 45°车刀　　(c) 切断刀

图 1-6-6　车刀的组成

(2) 主后刀面是与工件上加工表面相对的刀面。

(3) 副后刀面是与工件上已加工表面相对的刀面。

(4) 主切削刃是前刀面和主后刀面相交的部位，它担负着主要的切削工作。

(5) 副切削刃是前刀面和副后刀面相交的部位，它起到提高已加工表面表面粗糙度的作用。

(6) 刀尖是主切削刃和副切削刃的交点。为了提高刀尖的强度使车刀耐用，很多刀具都在刀尖处磨出圆弧型或直线型过渡刃（图 1-6-7）。圆弧型过渡刃又称为刀尖圆弧。一般硬质合金车刀的刀尖圆弧半径 $r_\varepsilon=0.5\sim1$mm。

修光刃为副切削刃近刀尖处一小段平直的切削刃［图 1-6-7（b）］。装刀时必须使修光刃与进给方向平行，且修光刃长度必须大于工件每转一转车刀沿进给方向的移动量，才能起到修光的作用。

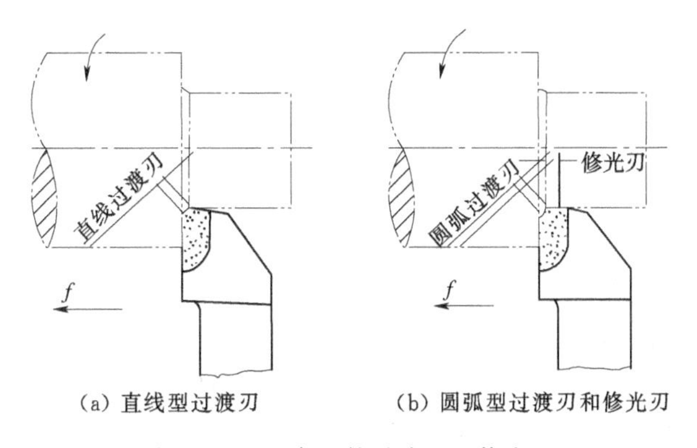

(a) 直线型过渡刃　　(b) 圆弧型过渡刃和修光刃

图 1-6-7　车刀的过渡刃和修光刃

四、刀具基本角度

测量车刀角度的三个基准坐标平面介绍如下。

1. 基面

基面用 p_r 表示。其定义是：通过切削刃上某一选定点，垂直于该点工件上主运动方向的平面称为基面。对于用理论角度分析，可认为基面是一个水平面；而从实际加工工作角度分析，基面不一定是一个水平面，因为在实际加工时，刀具的安装不是绝对对准工件旋转中心。

如图 1-6-8 所示，用基面可以确定四个基本角度，即主偏角 K_r、副偏角 K_r'、前角 γ_o 和刃倾角 λ。

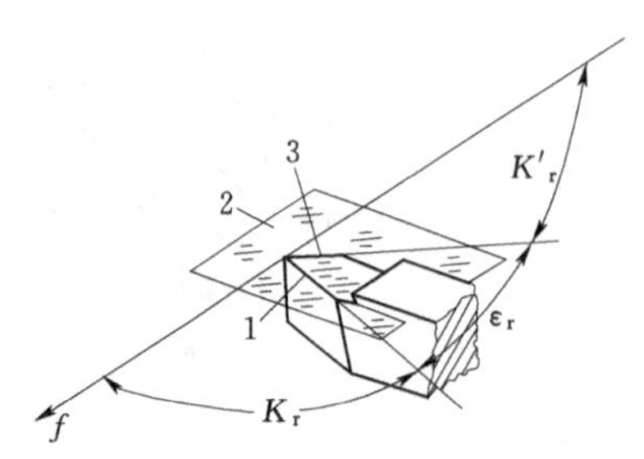

图 1-6-8　用基面上确定的角度

1—主切削刃在基面上的投影；2—基面；3—副切削刃在基面上的投影；f—进给运动方向

(1) 主偏角 K_r 是主切削刃在基面上的投影与进给运动方向的夹角。常用车刀的主偏角有 45°、60°、75°、和 90°。改变主偏角能改变主切削刃的受力及导热能力，影响切屑的厚度。

选择方向：

1) 应先考虑工件的形状。如加工台阶工件时，应选取 $K_r \geqslant 90°$；加工中间切入的工件时，应选取 $K_r = 45° \sim 60°$。

2) 工件的刚度高或材料较硬时，应选较小的主偏角；反之，应选取较大的主偏角。

(2) 副偏角 K_r' 是副切削刃在基面上的投影与进给运动反方向的夹角。副偏角的大小影响已加工表面粗糙度值。副偏角大表面粗糙度增大；反之表面粗糙度则减小。

选择方向：

1) 一般情况下选取 $K_r' = 6° \sim 8°$。

2) 精车时还应刃磨出修光刃 $K_r' = 0°$。

3) 中间切入的工件时则应取 $K_r' = 45° \sim 60°$。

(3) 前角 γ_o 是前刀面与基面之间的夹角。前角的大小影响车刀的锋利程度和强度，影响切削变形和切削力。

选择方向：

1) 按工件材料选择，塑性材料或工件材料较软时可选择较大的前角，反之则选择较小的前角。

2) 按加工性质选择，粗加工时应选择较小的前角，精加工时则选择较大的前角。

3) 按刀具材料选择，强度和韧性较差时（如硬质合金车刀）应取较小值；反之（如高速钢车刀）则取较大值。

(4) 刃倾角 λ_o 是主切削刃与基面间的夹角。其主要作用是控制排屑方向，正值时，切屑排向待加工表面；0 值时切屑排向加工表面；负值时切屑排向已加工表面。

选择方向：精加工时必须选择正值刃倾角；而粗加工时则没有太多的要求。

(5) 刀尖角 ε_r 是主、副切削刃在基面上的投影间的夹角。主要影响刀尖强度和散热性能。刀尖角不是刀具的基本角度，而只是一个派生角度。

2. 切削平面

切削平面用 p_s 表示。如图 1-6-9 所示，其定义是：通过切削刃上某一选定点，与切削刃相切并垂直于基面的平面称为切削平面。当选定点在主切削刃上时，切削平面为主切削平面；当选定点在副切削刃上时，则为副主切削平面。

如图 1-6-9 所示，通过主、副切削平面得到两个基本角度，即主后角 α_o 和副后角 α'_o。

(1) 主后角 α_o 是主后刀面与主切削平面的夹角。减小主后刀面与工件过渡表面的摩擦。

选择方向：

1）按加工性质选择，粗加工时应取小值，精加工时则取大值。

2）按工件材料选择，材料较硬时取小值，材料较软时取大值。车刀主后角 α_o 一般取 4°～12°。

（2）副后角 α_o' 是副后刀面与副切削平面间的夹角。减小副后刀面与工件已加工表面的摩擦。

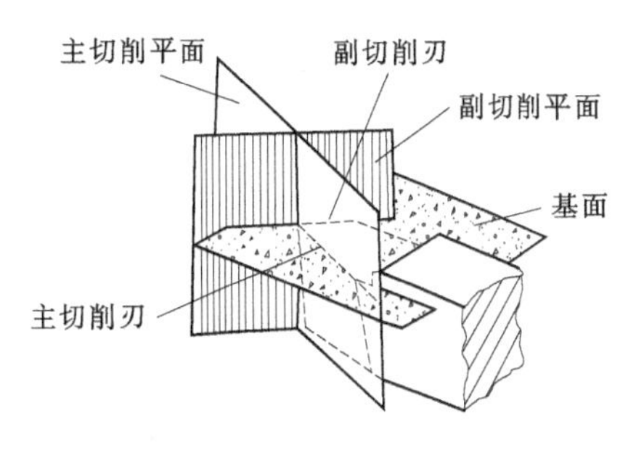

图 1-6-9　基面和主、副切削平面

选择方向：

1）一般磨成与主后角相等。

2）但在切断刀等特殊情况下，为保证刀具的强度，副后角应取 $\alpha'_o=1°\sim2°$。

五、刀具的刃磨要求和方法

正确刃磨车刀是车工必须掌握的基本功之一。学习了合理选择车刀材料和几何角度的知识以后，还应掌握车刀的实际刃磨技能。车刀的刃磨一般有机械刃磨和手工刃磨两种。机械刃磨效率高、质量好、操作方便。一般有条件的工厂已应用较多。但手工刃磨灵活，对设备要求低，目前仍普遍采用。

工厂中常用的磨刀砂轮材料有两种：一种是白色氧化铝砂轮；另一种是绿色碳化硅砂轮。刃磨时必须根据刀具材料来决定砂轮材料。氧化铝砂轮韧性好，比较锋利，但砂粒硬度稍低，所以用来刃磨高速钢车刀。绿色碳化硅砂轮的砂粒硬度高，切削性能好，但较脆，所以用来刃磨硬质合金车刀。

以 90°硬质合金外圆右偏刀为刃磨任务，刀具的刃磨要求有三点：①面要平、刃要直、角度要正确；②刃口要锋利；③刀尖要修磨。刃磨步骤如下：

（1）粗磨主后刀面和副后刀面，初步确定主偏角、主后角和副偏角、副后角。

（2）粗、精磨前刀面，确定前角。

（3）修磨主刀刃，确定刃倾角。

（4）精磨主、副后刀面，确保角度正确的同时保证刀面光滑、主刀刃锋利。

（5）修磨刀尖，磨出过渡刃和修光刃。

六、操作要点及安全注意事项

为了保证刀具的刃磨质量和刃磨安全，必须做到以下几点。

1. 注意事项

（1）新装的砂轮必须经过严格的检查。

（2）砂轮磨削表面必须经常修整，使砂轮的外圆及端面没有明显的跳动。

（3）必须根据车刀材料来选择砂轮种类，否则将达不到良好的刃磨效果。

（4）刃磨硬质合金车刀时，不可把刀头部分放入水中冷却（允许把刀柄部分放入水中冷却），以防止刀片因突然冷却而碎裂。刃磨高速钢车刀时，不能过热，应随时用水冷却。

(5) 刃磨时，车刀刃口要向上，以免造成切削刃出现锯齿形缺陷。

(6) 在平形砂轮上磨刀时，要避免使用砂轮的侧面磨；在杯形砂轮上磨刀时，不要使用砂轮的外圆或内圆。

(7) 刃磨时，手握车刀要平稳，压力不能太大，要不断做左右移动，避免砂轮不致因固定磨某一处，而出现凹槽。

(8) 刃磨结束后应随手关闭砂轮机电源。

2. 安全知识

(1) 刃磨时，戴好防护眼镜，操作者应避免正对砂轮，而应站在砂轮的侧面。这样可防止砂粒飞入眼内或万一砂轮碎裂飞出击伤。如果砂粒飞入眼中，不能用手去擦，应立即去保健室清除。

(2) 刃磨时不能用力过猛，以免由于打滑而磨伤手。

(3) 砂轮必须装有防护罩。

(4) 刃磨用的砂轮不能磨其他物件。

七、操作设备、工具准备

本任务需要准备的设备、工具见表1-6-5。

表1-6-5　　操作设备、工具

序号	设备、工具名称	单位	数量	用途
1	砂轮机	台	10	主要加工设备
2	硬质合金车刀	把	60	用于完成任务
3	防护眼镜	副	55	防护眼睛
4	砂轮笔	支	2	修砂轮

【任务实施】

本任务实施步骤见表1-6-6。

表1-6-6　　任务实施步骤

步骤	实施内容	完成者	说明
1	审图、确定车刀刃磨要求	教师、全体学生	教师分组安排学生观看车刀刃磨演示
2	粗磨主后刀面，确定主偏角、主后角	学生	教师检查、指导学生刃磨主后刀面
3	粗磨副后刀面，确定副偏角、副后角	学生	教师检查、指导学生刃磨副后刀面
4	粗、精磨前刀面，确定前角	学生	教师检查、指导学生刃磨前刀面
5	修磨主刀刃	学生	教师检查、指导学生修磨主刀刃
6	精磨主、副后刀面	学生	教师检查、指导学生精磨主、副后刀，确保符合要求
7	修磨刀尖，磨出过渡刃和修光刃	学生	教师检查、指导学生修磨刀尖

【任务评价】

根据学生完成本任务的情况对他们的实习进行评价，评价表见表1-6-7。

表1-6-7 90°外圆车刀刃磨检测评价表

序号	检测项目	配分	检测结果			得分	备注
			合理100%	较大（小）50%	不符合0		
1	主后刀面粗糙度	15					
2	主偏角	10					
3	主后角	10					
4	副后刀面粗糙度	15					
5	副偏角	10					
6	副后角	10					
7	前刀面	15					
8	刀刃	10					
9	刀尖	5					

【扩展视野】

应用一：讨论图1-6-10所示各种刀具的名称及加工内容。

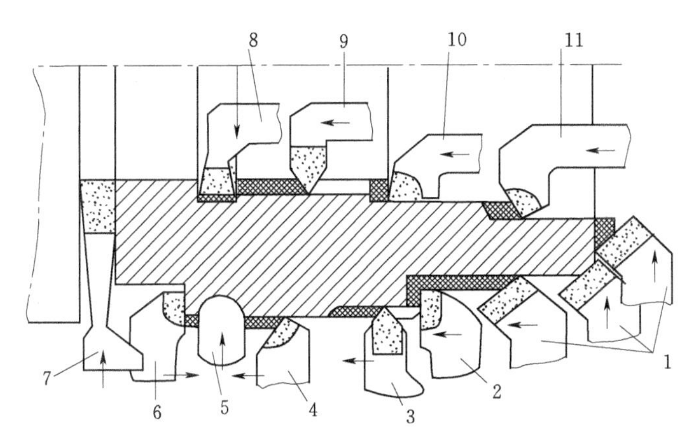

图1-6-10 各种刀具的及加工内容

1. ______________________
2. ______________________
3. ______________________
4. ______________________
5. ______________________
6. ______________________
7. ______________________
8. ______________________

9. ____________________

10. ____________________

11. ____________________

应用二：认识硬质合金不重磨车刀（图 1-6-11)。

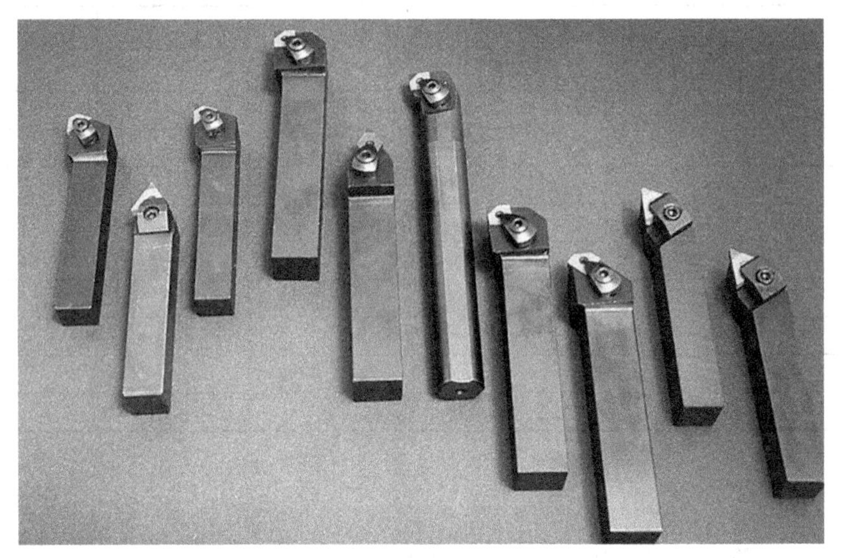

图 1-6-11　硬质合金不重磨车刀

任务七　工　件　校　正

【任务描述】

某五金工艺制品有限公司委托培训一批新招入的有关车床方面的员工，人数 50 人，文化程度为初中，现培训任务已进行到完成车工入门阶段，在有一定的入门基础后，学习工件车削前的装夹校正技能知识学习和训练。

【培训任务书】

培训任务单见表 1-7-1。

表 1-7-1　　培训任务单

需方单位名称				完成日期	年　月　日	
序号	培训工种	文化程度	人数	培训、技术标准要求		
1	车工	初中	50 人	按初级工要求		
2						
培训批准日期		年　月　日	批准人			
通知任务日期		年　月　日	发单人			
接单日期		年　月　日	接单人		培训班组	车工组

【任务分析】

工件的形状、大小各异，加工精度及加工数量不同，因此，在车床上加工时，工件的校正方法也不同。本任务是训练在车床上加工最多的轴类和盘类工件的常用校正方法。

表 1-7-2　　完成工件校正进行的准备内容

序　号	内　容
1	工件校正目的、意义
2	校正轴类工件
3	校正盘类工件
4	操作设备及工具准备

【实施目标】

通过校正工件训练，加深对车床的操作；锻炼学生表达动手能力；能正确合理使用车床；能合理安排工作岗位、安全操作机床完成工件校正。

（1）质量目标：能按要求在规定时间内对工件进行装夹和校正，并按照普通车床操作的安全规程、车间安全防护规定，操作车床完成工件校正。

（2）安全目标：严格按照普通车床车间安全操作规程进行任务作业。

（3）文明目标：自觉按照普通车床车间文明生产规则进行任务作业。

【实施建议】

（1）将学生按人数平均分组，明确任务组长。

（2）分别以车间主任、班组长、一线员工等角色领取任务，责任到人。

（3）适时组织小组讨论分工、信息学习、评价学习等教学活动。

【任务信息学习】

一、工件校正的目的、意义

校正的主要目的是使工件的轴心线与车床主轴的回转中心取得重合。没有校正的工件在进行车削进会产生下列几种情况：

（1）工件单面切削，导致车刀容易磨损，且车床产生振动。

（2）余量相同的工件，会增加车削次数，浪费有效的工时。

（3）加工余量少的工件，很可能会造成工件车不圆而报废。

（4）调头要接刀车削的工件，必然会产生同轴度误差而影响工件质量。

二、校正轴类工件

1. 在三爪自定心卡盘上装夹校正轴类工件

一般情况下用三爪自定心卡盘装夹工件是不需要校正的，但在装夹较长工件时，工件上离卡盘卡爪较远处的外圆中心不一定与车床主轴轴线重合，这时就必须对工件进行校正。此外，在卡盘因使用时间较长而失去装夹精度，而工件的加工精度要求又比较高时，也需要校正。一般情况下用划针盘（图1-7-1）校正，校正精度要求较高时用百分表及表座（图1-7-2）校正。

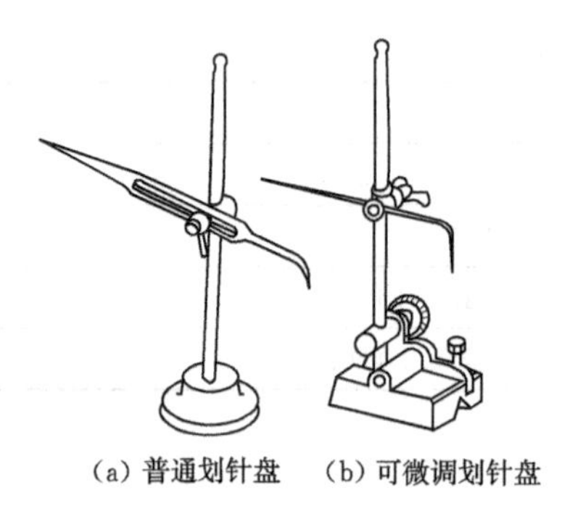

(a) 普通划针盘　(b) 可微调划针盘

图1-7-1　划针盘

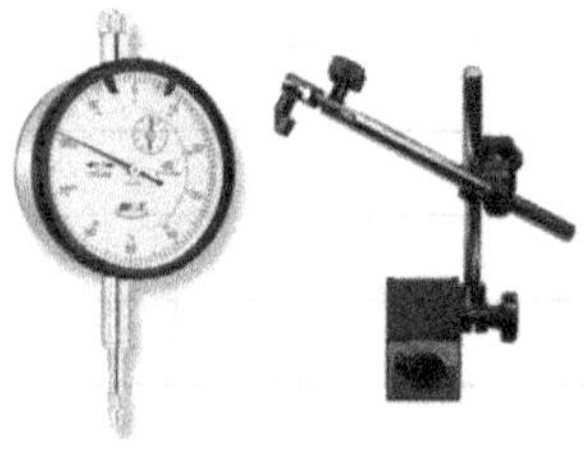

(a) 百分表　(b) 表座

图1-7-2　百分表及表座

（1）粗加工后或精加工前，常用目测或用划针盘校正毛坯粗车后的表面。其操作如下：

1）车床主轴箱变速手柄置于空挡位置。

2）用卡盘轻轻夹住工件，夹持长度不能超过20mm，将划针盘放置适当位置，划针尖端靠向工件最右端圆柱表面上，如图1-7-3所示。

3）用手拨动卡盘转动，观察划针尖与工件表面的距离，并用铜锤或硬木头轻击工件悬伸端，直至全圆周上划针与工件外圆表面间隙均匀一致。

4）夹紧工件后拨动卡盘再观察、检查划针与工件外圆表面间隙是否均匀一致。

（2）当校正精度要求较高时采用百分表进行校正（图1-7-4）。校正的方法与用划针盘大致相同。但校正前应先用目测粗略校正后再用百分表进行校正。另外，百分表触头不能压得太低，一般应使指针摆过0.5～1mm。

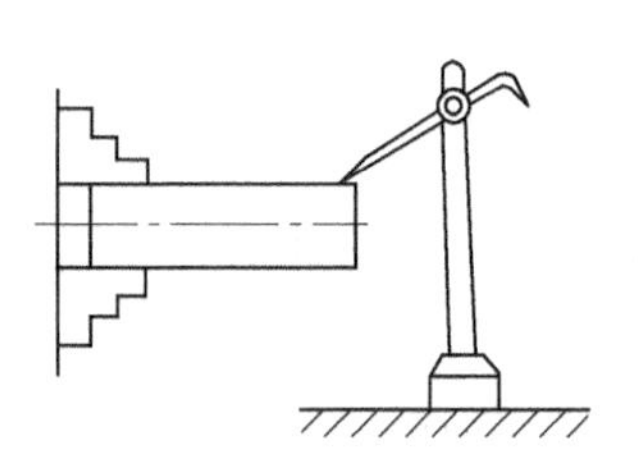

图1-7-3　用划针盘校正

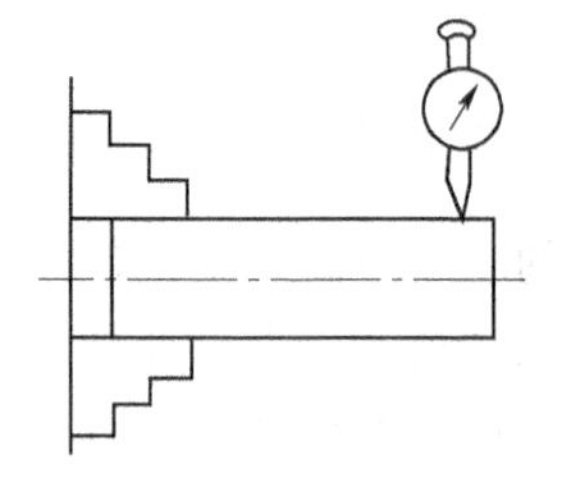

图1-7-4　用百分表校正

2. 在四爪单动卡盘上装夹校正轴类工件

四爪单动卡盘装夹后工件的轴心线与车床主轴回转中心偏差非常大，通常要校正外圆柱面上的 A、B 两点，如图1-7-5（a）所示。

操作步骤如下：

（1）先用松紧卡爪法校正近卡爪处外圆 A 点处圆周，如图1-7-5（b）所示。操作要领是：调整相对两卡爪，先松后紧，松少紧多。注意校正时不能同时松开两只卡爪，以防工件掉落。

（2）校正近右端面 B 点，B 点处圆周的校正与在三爪卡盘上校正方法相同。

（3）A、B 两点处要重复进行校正，直到两点处都符合要求才算校正完成。

（4）四个卡爪相对均匀夹紧工件。

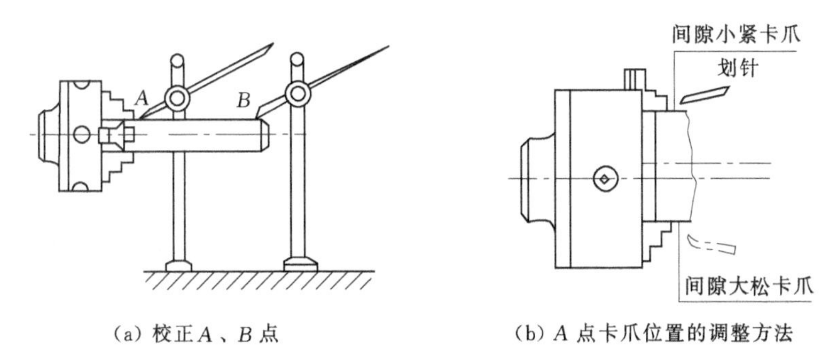

(a) 校正 A、B 点　　(b) A 点卡爪位置的调整方法

图 1-7-5　在四爪卡盘上校正轴类工件的方法

三、校正盘类工件

1. 在三爪自定心卡盘上装夹校正盘类工件

盘类零件装夹后，外圆部分已十分靠近卡爪，所以不需要校正外圆，但是由于端面较大，端面跳动明显，就需要校正。

（1）毛坯、粗车后用划针盘找正，操作步骤如下：

1）车床主轴箱变速手柄置于空挡位置。

2）用卡盘轻轻夹住工件。将划针盘置于适当位置，划针尖端靠向工件右端面近外圆上，如图 1-7-6 所示。

3）用手拨动卡盘转动，观察划针尖与工件端面的距离，并用铜锤或硬木头轻击工件与划针尖距离最短的地方，直至全圆周上划针与工件端面间隙均匀一致。

4）夹紧工件后拨动卡盘再观察、检查划针与工件端面间隙是否均匀一致。

精度要求高时用百分表校正端面，如图 1-7-7 所示，操作方法与用划针盘校正大致相同。

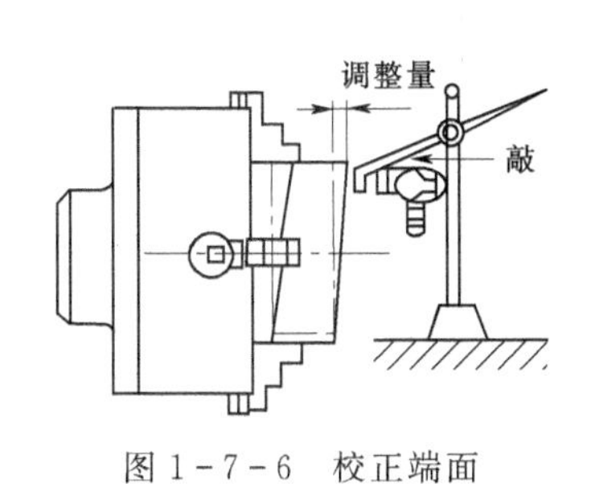

图 1-7-6　校正端面

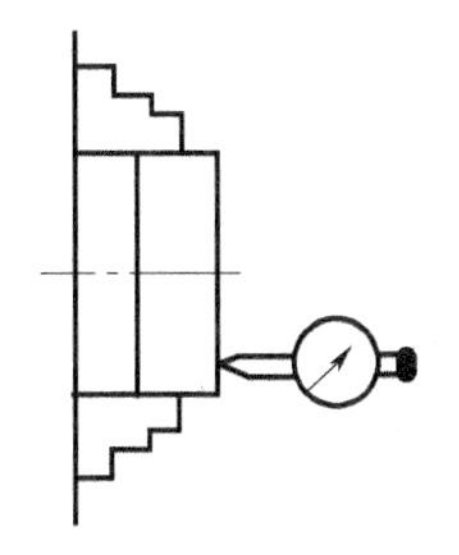

图 1-7-7　用百分表校正端面

（2）用铜棒挤压端面校正如图 1－7－8 所示。

1）在刀架上夹持一圆头铜棒。

2）轻轻夹持工件，变速为 100～200r/min 之间，启动车床。

3）移动床鞍和中拖板，使铜棒轻轻接触和挤压工件端面的外缘，当目测工件端面基本与主轴轴线垂直后，退出铜棒。

4）停止主轴。

5）夹紧工件，再开动车床检查。

2. 在四爪单动卡盘上装夹校正盘类工件

盘类工件校正时，不仅要校正近卡爪处外圆（*A* 点），还要校正工件端面（*B* 点），如图 1－7－9 所示。

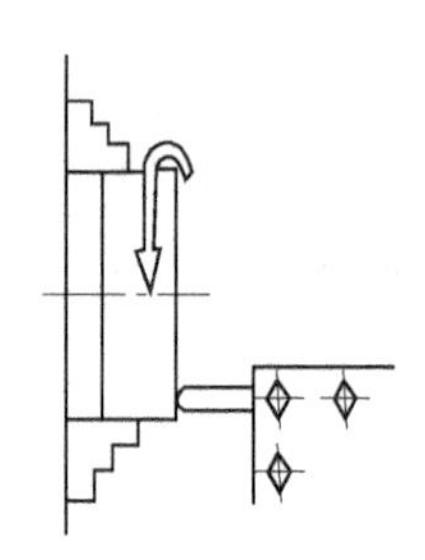

图 1－7－8　铜棒挤压端面校正

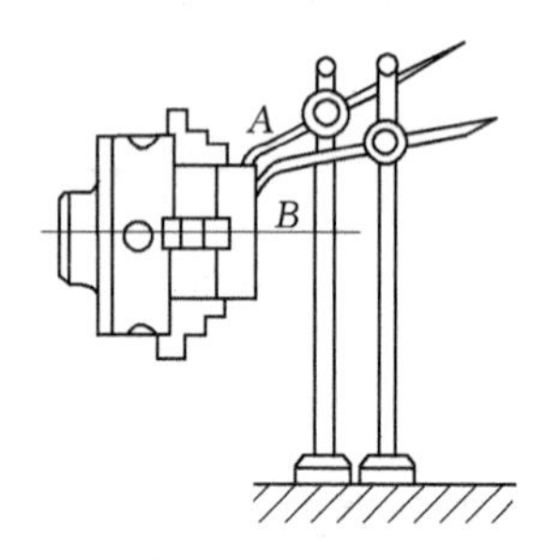

图 1－7－9　用划针校正盘类工件

操作步骤如下：

（1）先校正 *A* 点处外圆，方法还是采用松紧卡爪法。

（2）校正工件端面 *B* 点处。此处的校正方法与在三爪卡盘上校正盘类工件的方法相同。

（3）*A*、*B* 两点处要重复进行校正，直到两点处的圆跳动都符合要求才算为校正完成。

（4）四个卡爪相对均匀夹紧工件。

四、操作设备、工具准备

本任务需要准备的操作设备、工具见表 1－7－3。

表 1－7－3　　　　操作设备、工具

序　号	设备、工具名称	单　位	数　量	用　　途
1	带 C6132A 车床	台	12	主要操作设备
2	带四爪卡盘 C6132A 车床	把	12	主要操作设备
3	划针盘	把	24	校正
4	铜棒	把	24	校正
5	百分表加表座	个	12	校正
6	轴类零件	个	12	校正
7	盘类零件	个	12	校正

【任务实施】

本任务实施步骤见表 1-7-4。

表 1-7-4 任务实施步骤

步骤	实施内容	完成者	说明
1	分任务、确定任务完成要求	全体学生	教师组织安排学生进行任务完成
2	在三爪卡盘车床上校正轴类零件	学生	教师指导学生如何可靠校正轴类零件
3	在三爪卡盘车床上校正盘类零件	学生	教师指导学生如何可靠校正盘类零件
4	在四爪卡盘车床上校正轴类零件	学生	教师指导学生如何可靠校正轴类零件
5	在四爪卡盘车床上校正盘类零件	学生	教师指导学生如何可靠校正盘类零件

【任务评价】

根据学生完成本任务的情况对他们的实习进行评价，评价表见表 1-7-5。

表 1-7-5 工件校正训练检测评价表

序号	检测项目	配分	检测结果			得分	备注
			合理 100%	较大（小）50%	不符合 0		
1	在三爪卡盘车床上校正轴类零件	25					
2	在三爪卡盘车床上校正盘类零件	25					
3	在四爪卡盘车床上校正轴类零件	25					
4	在四爪卡盘车床上校正盘类零件	25					

【扩展视野】

应用一：不规则零件的装夹校正。

1. 如图 1-7-10 所示，在不规则零件的平面上加工内孔。装夹前先对工件进行划线，用四爪卡盘装夹，按划线对工件进行校正。

2. 如图 1-7-11 所示，不规则零件也可以采用专用装夹工具进行免校正安装。

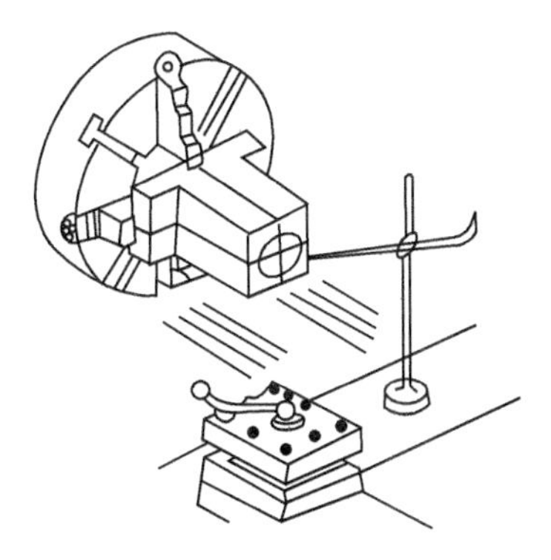

图 1-7-10 按划线校正工件

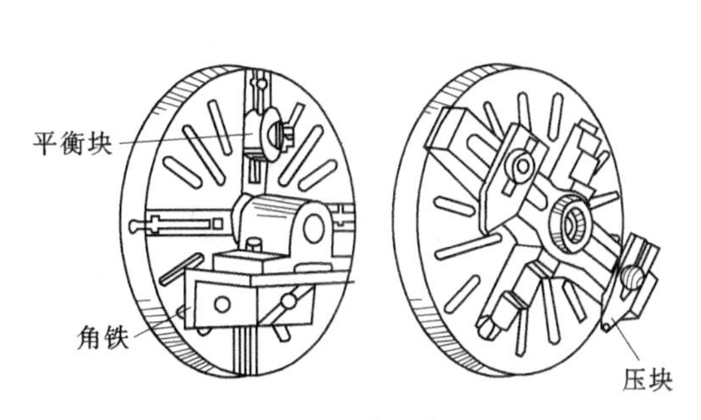

图 1-7-11 专用装夹工具

任务八　车削圆柱销

【任务描述】

某五金工艺制品有限公司委托培训的这批新招入的有关车床方面的员工，人数50人，文化程度为初中。现培训任务已进行到车工入门阶段，在有一定的入门基础后，完成圆柱销的车削生产任务，材料、加工要求见生产任务书。

【生产任务书】

零件施工单见表1-8-1，圆柱销图样如图1-8-1所示。

表1-8-1　**零件施工单**

投放日期：________　班组：________　要求完成任务时间：____天

材料尺寸及数量：ϕ25mm×75mm，120件

图号	零件名称		计划数量		完成数量
01-08-01	圆柱销		120件		
加工成员姓名	工序	合格数	工废数	料废数	完成时间
班组质检				抽检	
总质检					

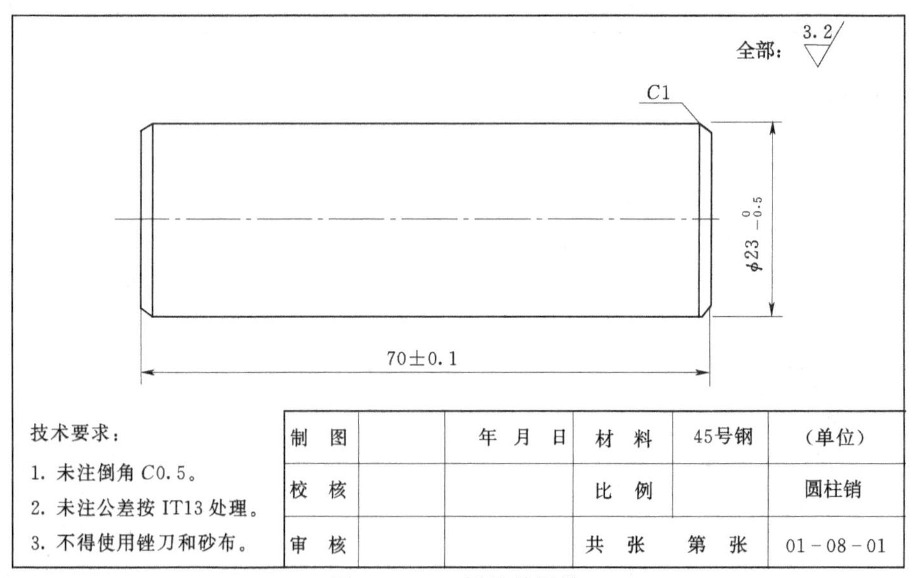

图1-8-1　圆柱销图样

【任务分析】

本任务是使用毛坯料为ϕ25mm×75mm钢料进行加工车削，车削圆柱销(图1-8-1)，

其中包括工件校正的知识、车床操作要求、刀具、工具准备、测量技术、切削用量的选择等作为准备，见表1-8-2。

表1-8-2　　为完成圆柱销必须进行的准备内容

序　号	内　容
1	外圆车刀的准备
2	操作设备及工具准备
3	工件的安装及校正
4	外圆车刀安装
5	切削用量与选择
6	车削外圆方法
7	切削液的使用
8	加工工艺步骤及安全注意事项

【实施目标】

通过圆柱销产品加工，了解企业生产的管理流程；锻炼学生表达与沟通能力；能正确选择和运用刀具；能合理安排车削加工工艺；能合理安排工作岗位、安全操作机床加工产品。

（1）质量目标：能按圆柱销车削要求、安排车削步骤，并按照普通车床操作的安全规程、车间安全防护规定，操作车床加工出产品。

（2）安全目标：严格按照普通车床车间安全操作规程进行任务作业。

（3）文明目标：自觉按照普通车床车间文明生产规则进行任务作业。

【实施建议】

（1）将学生按人数平均分组，明确任务组长。

（2）分别以车间主任、班组长、一线员工等角色领取任务，责任到人。

（3）适时组织小组讨论分工、信息学习、加工工步、评价学习等教学活动。

【任务信息学习】

一、外圆车刀的准备

1. 外圆车削的三个阶段

外圆车削一般分为粗车、半精车和精车三个阶段。

（1）粗车外圆就是把毛坯上的多余部分（即加工余量）尽快地车去，这时不要求工件达到图样要求的尺寸精度和表面粗糙度，只要粗车时留有一定的精车余量即可。

（2）半精车外圆是把工件上经过粗车后留有的余量再车去一些，进一步改善工件外圆的规则和提高表面粗糙度，并留有一定的精车余量为精车作准备。

（3）精车外圆是把工件上经过半精车后留有的少量余量车去，使工件达到图样或工艺上规定的尺寸精度和表面粗糙度。

2. 外圆车刀的分类

由于粗车、半精车外圆与精车外圆的要求不一样，因此使用的车刀也分为外圆粗车刀和外圆精车刀两种。

(1) 外圆粗车刀（图 1-8-2）。粗车的目的是尽快去除毛坯的多余余量，所以要求车刀有足够的强度，能一次进给车去足够多的余量。

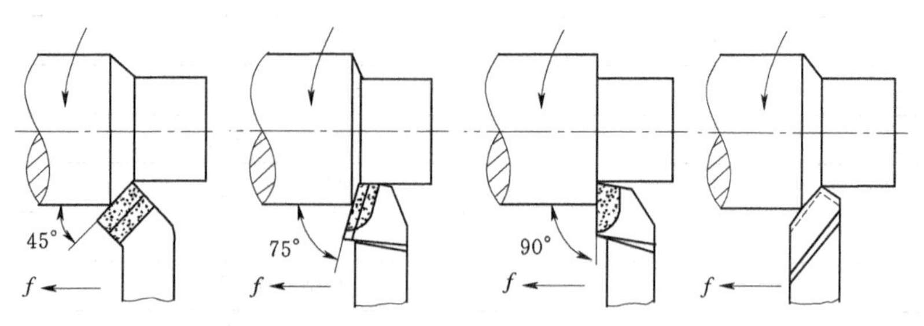

(a) 45°外圆粗车刀　(b) 75°外圆粗车刀　(c) 90°外圆粗车刀　(d) 高速钢外圆粗车刀

图 1-8-2　外圆粗车刀

1) 主偏角 K_r 不宜太小，否则车削时容易引起振动。当工件形状许可时，主偏角最好取 75°左右，因为这样刀尖角较大，能承受较大的切削力，而且有利于切削刃散热，如图 1-8-2 (b) 所示。

2) 为了增加刀头强度，前角 γ_o 和主副后角 α_o (α'_o) 应选小值。

3) 为了增加粗车刀刀头强度，一般选取刃倾角 $\lambda_s = -3° \sim 0°$。

4) 为了增加切削刃的强度，主切削刃上应磨有倒棱，倒棱宽度 $b_{\gamma1} = (0.5 \sim 0.8)f$，倒棱前角 $\gamma_o = -10° \sim -5°$，如图 1-8-3 所示。

5) 为了增加刀尖强度，改善散热条件，使车刀耐用，刀尖处应磨有直线过渡刃［图 1-8-4 (a)］或圆弧过渡刃［图 1-8-4 (b)］。

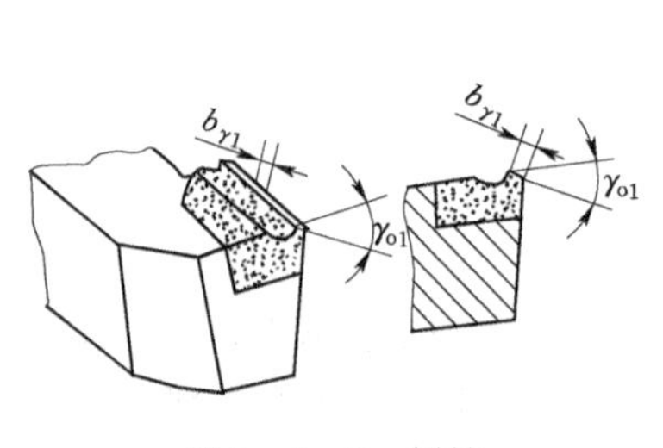

图 1-8-3　倒棱

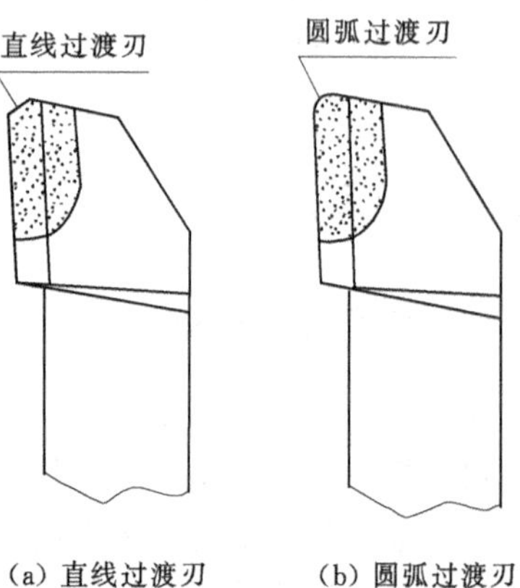

(a) 直线过渡刃　(b) 圆弧过渡刃

图 1-8-4　过渡刃

6) 粗车塑性金属（如中碳钢）时，为使切屑能自行折断，应在车刀前面上磨有断屑槽。常用的断屑槽有直线型（图 1-8-5）和圆弧型（图 1-8-6）两种，断屑槽的尺寸主要取决于背吃刀量和进给量。直线型断屑槽常用于粗车刀，而圆弧型断屑槽常用于精车刀。当车削脆性金属时，由于切屑是崩碎切屑，所以可以不用磨断屑槽。

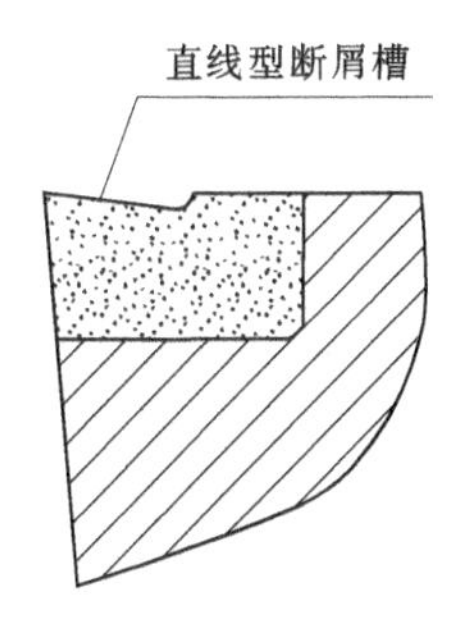

图 1-8-5　直线型断屑槽

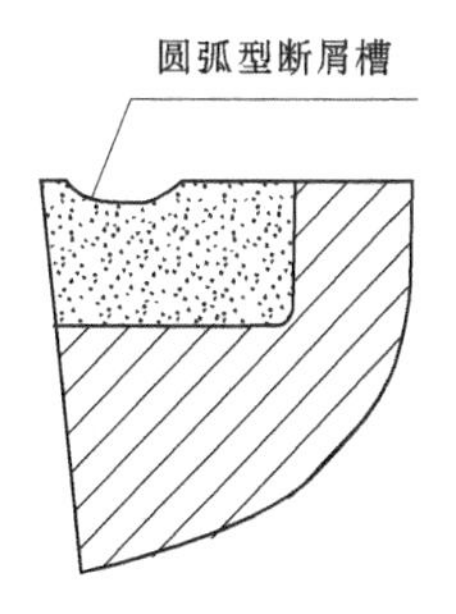

图 1-8-6　圆弧型断屑槽

（2）外圆精车刀。精车外圆时，要求达到工件的尺寸精度和较小的表面粗糙度值。精车时切去的金属较少，切削过程平稳。所以要求车刀锋利，切削平直光洁，刀尖处可以修磨出修光刃。而且在切削时，必须使切屑排向工件待加工表面方向，以防切屑拉毛已加工表面。

所以选择精车刀几何角度的一般原则是：

1）前角（γ_o）：一般取 $\gamma_o=10°\sim15°$，目的是使车刀锋利，以减小切削变形，降低切削力。

2）主偏角（K_r）：精车时要考虑到工件台阶角的车削，主偏角 K_r 取 93°。

3）副偏角（K_r'）：为减小切削工件的表面粗糙度，副偏角一般取 6°～8°。或在刀尖处磨出修光刃，修光刃长度一般为（1.2～1.5）f。

4）主副后角（α_o、α_o'）：为减小车刀和工件之间的摩擦，精车时余量较小，对车刀强度要求不高，因此允许取较大值，主副后角可取相同值，一般为 6°～8°。

5）刃倾角（λ_S）：要控制切屑排向工件待加工表面方向，刃倾角可取 3°～8°。

6）精车塑性材料工件时，车刀前刀面应磨出较狭窄的断屑槽。

由于本任务是初学者进行操作车床加工生产，对车床操作、刀具使用等方面还不太熟悉。所以选用适合中低速切削的高速钢车刀进行生产车削。高速钢车刀几何角度要求如图 1-8-7 所示。

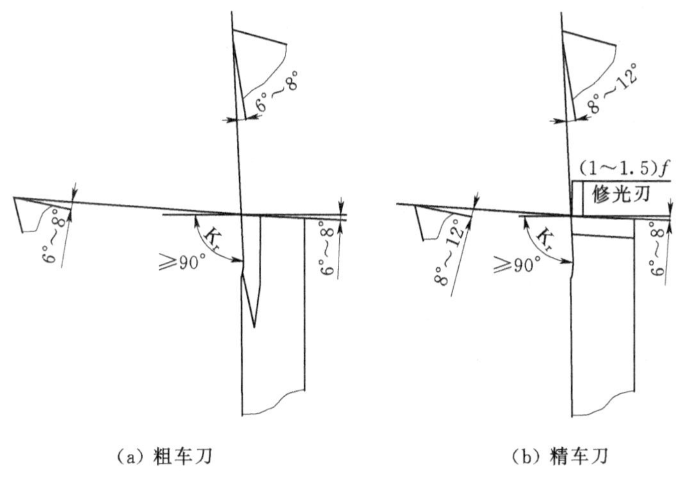

(a) 粗车刀　　(b) 精车刀

图 1-8-7　高速钢车刀

二、操作设备、工具准备

本任务需要准备的设备、工具见表1-8-3。

表1-8-3 操作设备、工具

序号	设备、工具名称	单位	数量	用途
1	C6132A车床	台	24	主要加工设备
2	高速钢90°外圆粗车刀	把	24	车外圆、端面、倒角
3	高速钢90°外圆精车刀	把	24	精车外圆、倒角
4	划针盘	套	24	工件校正
5	0～25mm千分尺	把	24	测量外圆
6	0～125mm游标卡尺	把	24	测量总长
7	ϕ25mm×75mm的45号钢料	支	120	产品材料

三、工件的安装及校正

图纸要求工件总长70mm，材料长度75mm，考虑对于初学者来说，还没有装夹知识方面的学习，为装夹牢固可靠，本任务零件的加工采用调头接刀校正的加工方法，对校正技术是很好的实践机会。

四、外圆车刀的安装

外圆车刀装夹在车床方刀架上的要求如下：

(1) 车刀刀尖必须要与工件回转中心等高。其操作方法如图1-8-8 (a)、(b) 所示。

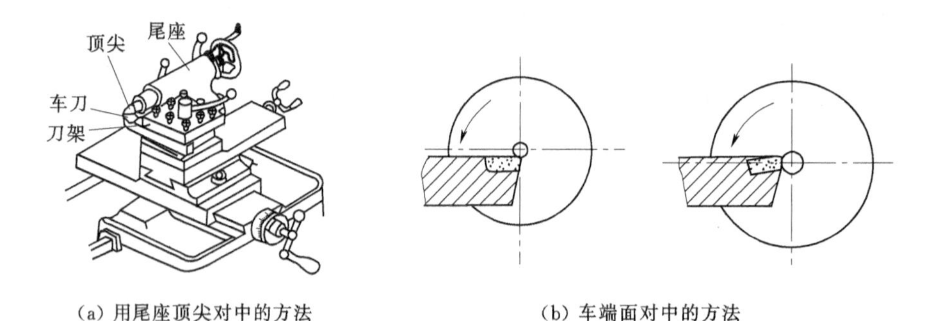

(a) 用尾座顶尖对中的方法　　(b) 车端面对中的方法

图1-8-8 车刀刀尖对准工件回转中心的方法

(2) 车刀的工作角度：主偏角为90°～93°，同时要保证副偏角在6°～8°之间。

(3) 车刀伸出方刀架的长度为刀杆厚度的1.5倍。

(4) 车刀满足以上三点后在刀架上要夹紧且牢固。

五、切削用量与选择

切削用量是表示主运动及进给运动大小的参数。它包括切削深度、进给量和切削速度三要素。合理选择切削用量与提高加工质量和生产效率有着密切的关系。

1. 切削深度（a_p）

切削深度是指工件上已加工表面和待加工表面间的垂直距离（图 1-8-9）。

车外圆时的切削深度（a_p）可按下式计算

$$a_p=\frac{d_w-d_m}{2} \qquad (1-8-1)$$

式中 a_p——切削深度，mm；

d_w——工件待加工表面直径，mm；

d_m——工件已加工表面直径，mm。

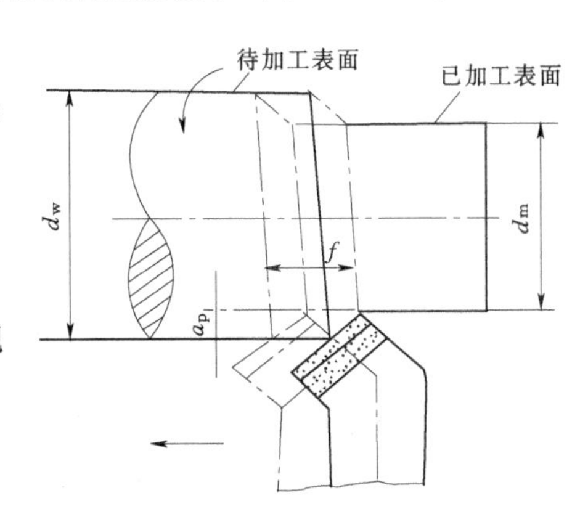

图 1-8-9 切削深度（a_p）和进给量（f）

【例 1-8-1】 已知工件直径为 95mm；现用一次进给车至直径为 90mm，求切削深度。

解 根据式（1-8-1）有

$$a_p=\frac{d_w-d_m}{2}=\frac{95-90}{2}=2.5\ (\text{mm})$$

2. 进给量（f）

进给量是指工件每转一周车刀沿进给方向移动的距离（图 1-8-9）。它是衡量进给运动大小的参数，单位为 mm/r。

进给量又分纵进给量和横进给量两种。

（1）纵进给量：沿车床床身导轨方向的进给量。

（2）横进给量：垂直于车床床身导轨方向的进给量。

3. 切削速度（v_c）

切削速度是指在进行切削加工时，刀具切削刃上的某一点相对于待加工表面在主运动方向上的瞬时速度。它是衡量主运动大小的参数，单位为 m/min。

切削速度（v_c）的计算公式为

$$v_c=\frac{\pi dn}{1000} \quad \text{或}\ v_c=\frac{dn}{318} \qquad (1-8-2)$$

式中 v_c——切削速度，m/min；

d——工件直径，mm；

n——车床主轴转速，r/min。

【例 1-8-2】 车削直径 $d=60$mm 的工件外圆，车床主轴转速 $n=600$r/min。求切削速度。

解 根据式（1-8-2）有

$$v_c=\frac{\pi dn}{1000}=\frac{3.14\times60\times600}{1000}=113\ (\text{m/min})$$

在实际生产中，往往是已知工件直径，并根据工件材料、刀具材料和加工要求等因素选定切削速度，再将切削速度换算成车床主轴转速，以便调整机床，这时可把式 $v_c=\frac{\pi dn}{1000}$ 改写成

$$n=\frac{1000v_c}{\pi d} \tag{1-8-3}$$

或

$$n=\frac{318v_c}{d} \tag{1-8-4}$$

【例 1-8-3】 车削直径 $d=260$mm 的带轮外圆，选择切削速度 $v_c=60$m/min。求车床主轴转速。

解 根据式（1-8-4）有

$$n=\frac{1000v_c}{\pi d}=\frac{1000\times 60}{3.14\times 260}\approx 74\ (\text{r/min})$$

计算所得的车床主轴转速应选取铭牌上与之接近的转速。

4. 本任务的切削用量

根据以上学习，对本任务的切削用量选取为：

（1）粗车端面、外圆。车床转速取 200～300r/min，进给量取 0.1mm/r；根据图纸与材料分析可知车削余量为 2mm。粗车第一刀切削深度为 0.7～0.8mm；半精车切削深度的选择以留精车余量为准，一般留精车余量 0.1～0.15mm。

（2）精车外圆。为保证零件的表面粗糙度要求，车床转速取低速 100r/min 以下，进给量取 0.1mm/r，切削深度选 0.05～0.075mm。

六、车削外圆方法

"试切削、测量"是确保普通车床产品切削加工精度的最有效的方法之一，其试切削、测量的操作步骤为（图 1-8-10）：

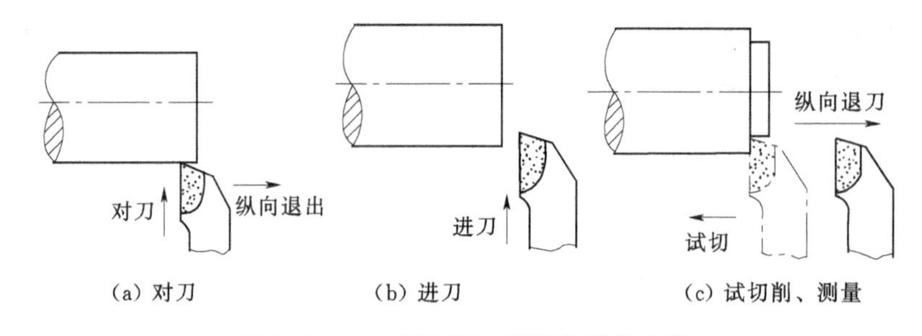

图 1-8-10　试切削、测量的操作步骤

（1）装夹工件、车刀。

（2）选取车床转速，启动。

（3）对刀：车刀轻轻接触工件外圆后纵向退出。

（4）进刀：根据余量中拖板横向进刀，其大小通过中拖板刻度盘上的刻度值进行控制和调整。

（5）试切削：其目的就是为了初学者准确控制切削深度，保证工件的加工尺寸。纵向进刀车削 2～3mm 后再纵向快速退出，停止车床测量。

（6）测量结果符合要求的，则纵向进刀车削至长度要求；测量结果不符合要求的，则从第（3）点重新开始操作。

七、切削液的使用

切削液又称为切削润滑液，是在车削过程中为改善切削效果而使用的液体。在车削过程中，切屑、刀具与加工表面间存在着剧烈的摩擦，并产生很大的切削力和大量的切削热。合理地使用切削液，可以减小表面粗糙度，减小切削力，降低切削温度，从而延长刀具寿命，提高劳动生产率和产品质量。

1. 切削液的作用

（1）冷却作用。

（2）润滑作用。

（3）清洗作用。

2. 切削液的种类及其使用

车削时常用的切削液有水溶性切削液和油溶性切削液两大类。

（1）水溶性切削液主要以乳化液为主，主要起冷却作用，是乳化油用 15～20 倍的水稀释而成。其比热容大，黏度小，流动性好（传热较好）。主要作用是：冷却刀具和工件，延长刀具寿命，减少热变形。但其润滑和防锈性能较差，可加入一定的油性、极压添加剂（如硫、氯等）和防锈添加剂，以提高其润滑和防锈性能。

（2）油溶性切削液主要以切削油为主，主要成分是矿物油，主要起润滑作用。常用的是黏度较低的矿物油，如 10 号、20 号机油及轻柴油、煤油等。

3. 切削液的选用

切削液根据加工性质、工件材料、刀具材料和工艺要求合理选用。选择切削液的一般原则如下：

（1）根据加工性质选用。

1）粗加工：降低切削温度，应选用以冷却为主的乳化液。

2）精加工：延长刀具的使用寿命，保证工件的精度和表面质量，应选用极压切削油或高浓度的极压乳化液。

3）钻削、铰削和深孔加工：排屑和冷却，应选用黏度较小的极压乳化液和极压切削油，并应增大压力和流量。

（2）根据工件材料选用。

1）钢件粗加工一般用乳化液，精加工用极压切削油。

2）切削铸铁等脆性金属时，由于切屑碎末会堵塞冷却系统，容易使机床导轨磨损，一般不加切削液，但精加工时为了得到较高的表面质量，可采用黏度较小的煤油或 7%～10%乳化液。

3）切削有色金属和铜合金时，可使用煤油和黏度较小的切削油，但不宜采用含硫的切削液，以免腐蚀工件。切削镁合金时，不能用切削液，以免燃烧起火。必要时可使用压缩空气冷却和排屑。

（3）根据刀具材料选用。

1）用高速钢刀具　粗加工时，应选用极压乳化液；对钢料精加工时，应选用极压乳化液或极压切削油。

2）用硬质合金刀具切削时一般不加切削液；但在加工某些硬度高、强度好、导热性差的特种材料和细长工件时，可选用以冷却为主的切削液（如乳化液）。

（4）为了使切削液达到其应有的效果，在使用时还必须注意以下几点：

1）油状乳化油必须用水稀释后才能使用。

2）切削液必须浇注在切削区域内，如图1-8-11所示切削液喷嘴所对的，包括切削部分的过渡表面和车刀前刀面。

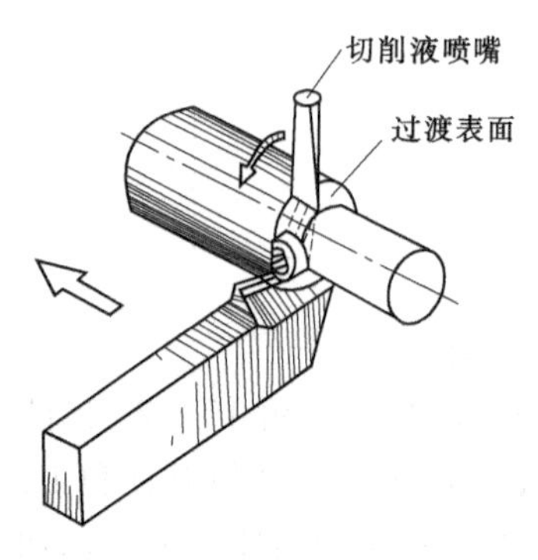

图1-8-11　切削液浇注的区域

3）用硬质合金刀具切削时，如果要使用切削液，必须连续充分地浇注，否则硬质合金刀片会因骤冷而产生裂纹。

4）应控制好切削液的流量。流量太小或断续使用，起不到应有的作用；流量太大，则会造成切削液的浪费。

八、加工工艺步骤及安全注意事项

1. 车削加工工艺步骤

（1）安装粗车刀，装夹工件。材料端面伸出离卡爪50mm长，校正夹紧。

（2）车端面，刚车平。

（3）粗车外圆，试切削、试测量，留0.5mm余量（即外圆车至ϕ23.5mm），长度车至45mm。

（4）半精车外圆，试切削、试测量，留0.1～0.15mm余量（即外圆车至ϕ23.10～23.15mm），长度车至45mm。

（5）停车床，换精车刀、低转速。

（6）精车外圆，试切削、试测量符合图纸要求后车至近卡爪处，转动刀架45°倒角$C1$（1×45°），停车床检查外圆尺寸。

（7）拆下工件，用铜片垫车好的外圆，卡爪夹35mm长，校正夹紧。

（8）换粗车刀、中等转速。

（9）车端面，取总长70mm。

（10）粗车外圆，试切削、试测量，留0.5mm余量（即外圆车至ϕ23.5mm）长度车至尽长。

（11）半精车外圆，试切削、试测量，留0.1～0.15mm余量（即外圆车至ϕ23.10～23.15mm），长度车至尽长。

（12）停车床，换精车刀、低转速。

（13）精车外圆，试切削、试测量符合图纸要求后车至近卡爪处，转动刀架45°倒角$C1$（1×45°）。停车床检查外圆尺寸。

（14）拆下零件。加工完成。

2. 安全注意事项

（1）装刀时，如果要使用垫片，则车刀下面的垫片要平整，垫片应跟刀架边对齐，而且垫片应尽量小，以防止产生振动。

（2）装刀时，刀杆的轴心线应与工件的轴心线垂直。

（3）装夹高速钢车刀时，只可用一个螺钉压紧。

（4）停车床测量时，必须把主轴箱变速手柄拨到空挡位置方可进行。

（5）车削时加工者必须戴防护眼镜。

（6）用高速钢车刀粗精车时应加注充足的切削液。

【任务实施】

本任务实施步骤见表1-8-4。

表1-8-4　任务实施步骤

步骤	实施内容	完成者	说明
1	审图、确定加工工艺	教师、全体学生	教师引导学生进行审图、确定加工工艺
2	工件装夹、找正	学生	教师指导学生校正工件，装夹牢固
3	车端面、外圆、倒角	学生	学生先根据工程图的图样要求，车好外圆
4	调头装夹车好外圆，校正，夹紧	教师、学生	教师讲解调头装夹的要求、校正的重要性
5	车端面、取总长，车外圆、倒角	教师、学生	学生根据工程图的图样要求，车好外圆、总长
6	综合车削加工完成	全体学生	教师演示完成后，学生自己独立完成

【任务评价】

根据学生完成本任务的情况对他们的实习进行评价，评价表见表1-8-5。

表1-8-5　圆柱销质量检测评价表

序号	考核项目	考核内容及要求	配分	评分标准	检验结果	得分
1	外圆	$\phi 23_{-0.05}^{0}$	25	每超差0.01扣1分		
2		$\phi 23_{-0.05}^{0}$	25	每超差0.01扣1分		
3	长度	70±0.1	10	按IT14超差扣分		
4	倒角	$C1$，2处	10	m 超差不得分		
5	粗糙度	$R_a3.2\mu m$，2处	10	降一级扣2分		
6	工具、设备的使用与维护	正确、规范使用工、量、刃具，合理保养及维护工、量、刃具	10	不符合要求酌情扣1～8分		
		正确、规范使用设备，合理保护及维护设备		不符合要求酌情扣1～8分		
		操作姿势、动作正确		不符合要求酌情扣1～8分		
7	安全与其他	安全文明生产，按国家颁布的有关法规或企业自定的有关规定	10	一项不符合要求扣2分，发生较大事故者取消考试资格		
		操作、工艺规范正确		一处不符合要求扣2分		
		工件各表面无缺陷		不符合要求酌情扣1～8分		
总分：						

【扩展视野】

应用一：车削圆柱轴（图 1-8-12）。

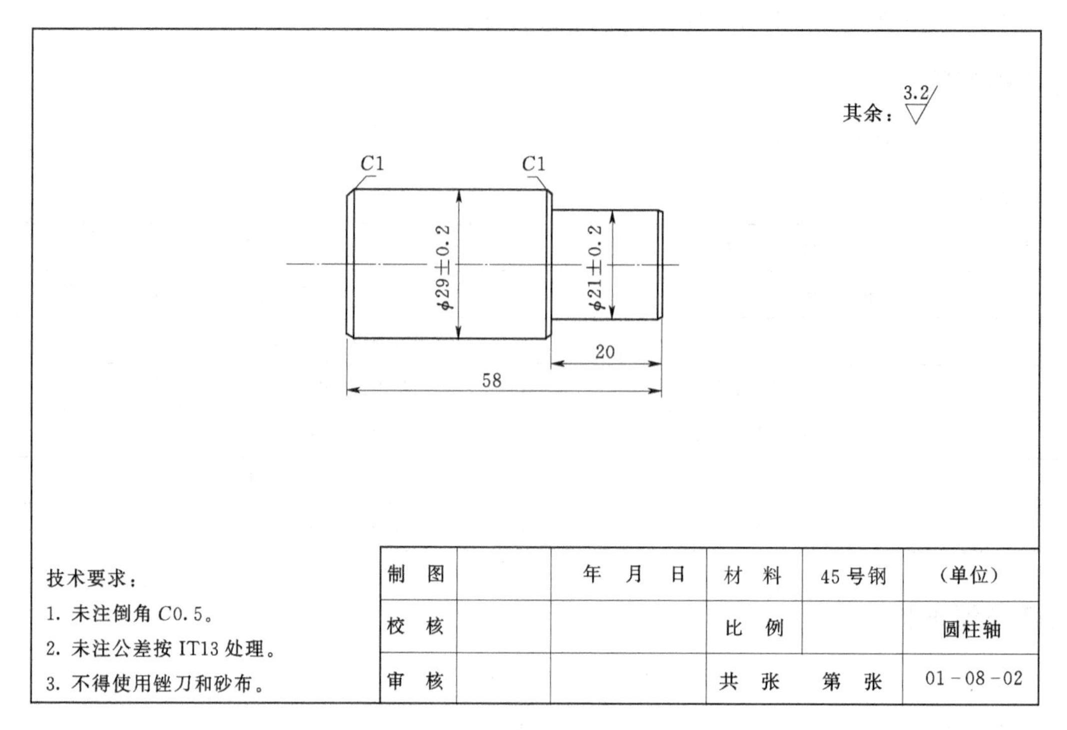

图 1-8-12　圆柱轴图样

项目二　车削轴类产品

任务一　车削手柄轴

【任务描述】

某五金工艺制品有限公司订制一批手柄轴，数量120件，材料、加工要求见生产任务书。

【生产任务书】

零件施工单见表2-1-1，手柄轴图样如图2-1-1所示。

表2-1-1　　零件施工单

投放日期：________　班组：________　要求完成任务时间：____天

材料尺寸及数量：ϕ20mm×80mm，120件

图号	零件名称		计划数量		完成数量
02-01-01	手柄轴		120件		
加工成员姓名	工序	合格数	工废数	料废数	完成时间
班组质检				抽检	
总质检					

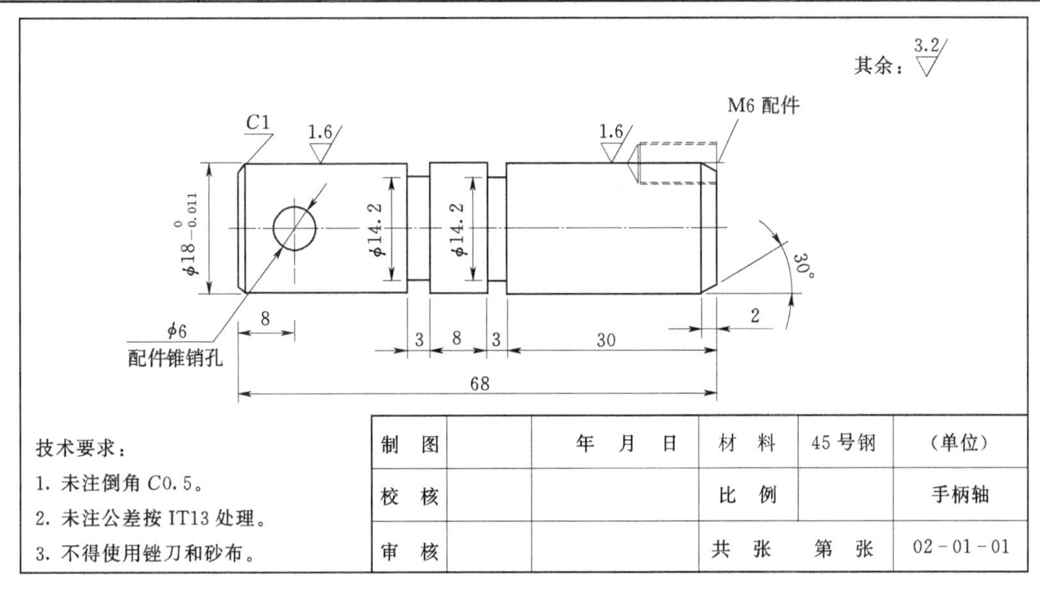

图2-1-1　手柄轴图样

【任务分析】

本任务是使用毛坯料为 ϕ 20mm×80mm 的钢料进行加工。从图 2－1－1 所示手柄轴图样分析，在以往已学习的课题基础上，出现新的学习内容，有工件的装夹方式一夹一顶装夹、钻中心孔、切断切槽及车刀刃磨等。为完成车削手柄轴的工作任务必须学习的内容见表 2－1－2。

表 2－1－2 为完成手柄必须进行的准备内容

序　　号	内　　容
1	图纸技术工艺分析
2	操作设备及工具准备
3	切槽和切断
4	工件的装夹安装
5	中心孔
6	刀具安装
7	车削加工工艺步骤与安全注意事项

【实施目标】

通过手柄轴产品加工，了解企业生产的管理流程；锻炼学生表达与沟通能力；能正确选择和运用刀具；能合理制定加工工艺；能合理安排工作岗位、安全操作机床加工产品。

（1）质量目标：能按手柄轴车削要求安排车削步骤，并按照普通车床操作的安全规程、车间安全防护规定，操作车床加工出产品。

（2）安全目标：严格按照普通车床车间安全操作规程进行任务作业。

（3）文明目标：自觉按照普通车床车间文明生产规则进行任务作业。

【实施建议】

（1）将学生按人数平均分组，明确任务组长。

（2）分别以车间主任、班组长、一线员工等角色领取任务，责任到人。

（3）适时组织小组讨论分工、信息学习、加工工步、评价学习等教学活动。

【任务信息学习】

一、图纸技术工艺分析

从图 2－1－1 分析，零件外圆基本尺寸只有 ϕ 18mm，尺寸精度和表面粗糙度也比较高。如果用硬质合金车刀高速车削难以达到表面粗糙度要求；此外，还有两条定位槽，切槽时主要是径向切削力的作用，所以切槽时车床容易产生振动而影响产品质量。综上所述，加工本任务采用一夹一顶装夹，高速钢车刀中低速粗精车的加工方法。

二、操作设备、工具准备

本任务需要准备的操作设备、工具见表 2-1-3。

表 2-1-3　　操作设备、工具

序　　号	设备、工具名称	单位	数　　量	用　　途
1	C6132A 车床	台	24	主要加工设备
2	高速钢外圆粗车刀	把	24	粗车外圆
3	高速钢外圆精车刀	把	24	精车外圆
4	高速钢外圆切槽刀	把	24	切槽
5	中心钻	个	10	钻中心孔
6	钻夹头	个	10	装夹中心钻
7	游标卡尺	把	24	测量外径、长度
8	活动顶尖	个	24	用于装夹工件
9	0～25mm 千分尺	把	24	测量外径
10	ϕ 20mm×80mm 的钢料	件	120	用于完成任务

三、切槽和切断

用车削的方法加工工件的槽称为车槽。工件外圆和平面上的沟槽称为外沟槽，工件内孔中的槽称为内沟槽，常见的沟槽如图 2-1-2 所示。

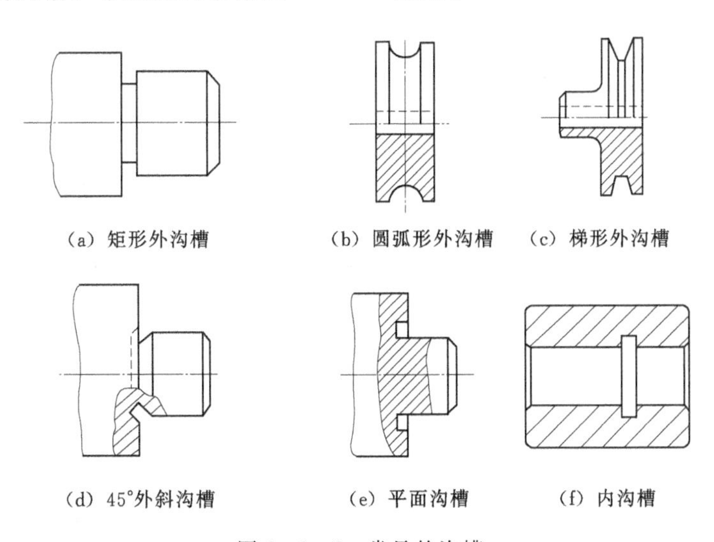

图 2-1-2　常见的沟槽

把坯料或工件切成两段（或数段）的加工方法称为切断，矩形外沟槽车刀和切断刀的几何形状相似，刃磨的方法基本相同，只是刀头部分的宽度和长度有些区别。有时车槽刀和切槽刀可以通用。

1. 切槽车刀的刃磨

刀具刃磨是关键技术。切槽刀的几何形状及角度要求如图 2-1-3 所示。

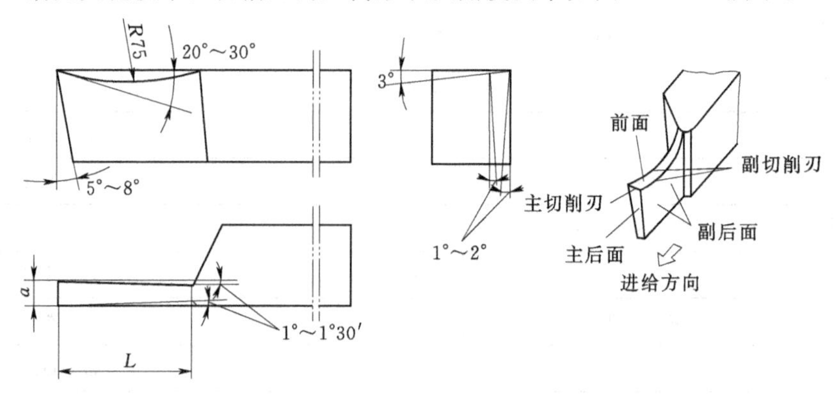

图 2-1-3　切槽刀的几何形状及角度要求

切槽刀的刃磨长度一般为槽深+5mm。

切槽刀的刀头宽度一般为 3～3.5mm，本任务图纸槽宽 3mm，所以切槽刀刀头宽度应磨出 3mm 宽。

切槽刀的前刀面最深处为 1～1.5mm。

切槽刀的两侧副后角要刃磨对称。

切槽刀的两侧副偏角也要刃磨对称。

2. 切槽刀刃磨时容易产生的问题与注意事项

(1) 切槽刀的退屑槽不宜磨得太深，一般为 0.75～1.5mm [图 2-1-4 (a)]，太深刀头强度低，容易扎刀折断 [图 2-1-4 (b)]。

(2) 刀刃及前刀面磨低或磨成台阶形，会使切削不顺畅，排屑困难，增大切削负荷，刀头容易切屑阻塞折断 [图 2-1-4 (c)]。

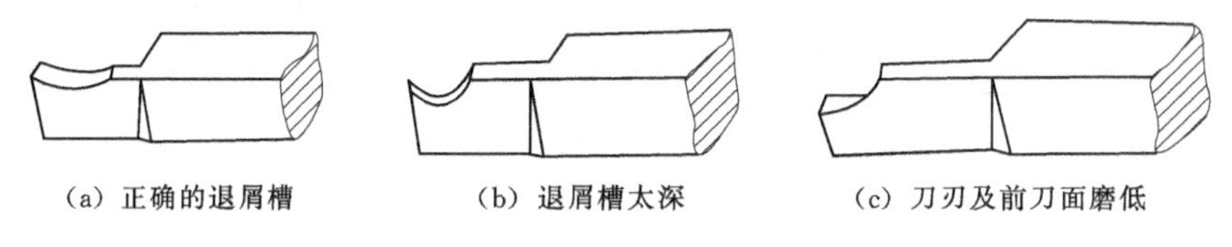

(a) 正确的退屑槽　(b) 退屑槽太深　(c) 刀刃及前刀面磨低

图 2-1-4　切槽刀的退屑槽

(3) 刃磨两侧副后刀面，检查副后角时，应以车刀底面为基准，用钢直尺或 90°角尺检查（图 2-1-5）。

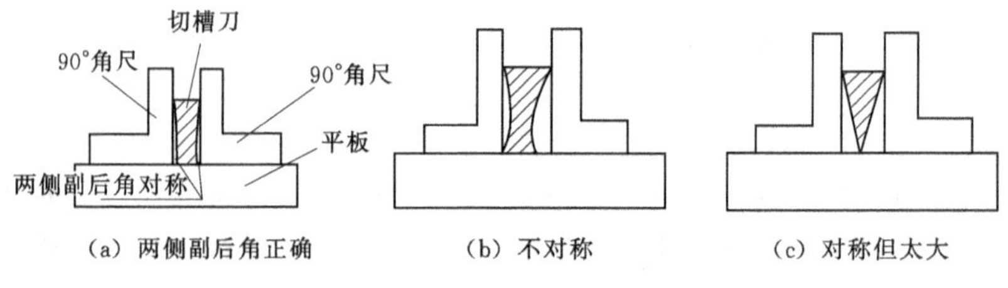

(a) 两侧副后角正确　(b) 不对称　(c) 对称但太大

图 2-1-5　两侧副后角的检查

(4) 如果副后角出现负值，切断时刀具副后刀面会与工件侧面发生摩擦；副后角太大则刀头强度差，切削时容易折断。

(5) 刃磨两侧副后刀面，检查副偏角时，要注意避免出现以下问题（图 2-1-6）：

1) 副偏角太大，刀头强度低，容易折断。

2) 副偏角负值或副刀刃不平直。

3) 左侧磨去过多，不能切割有高台阶的工件。

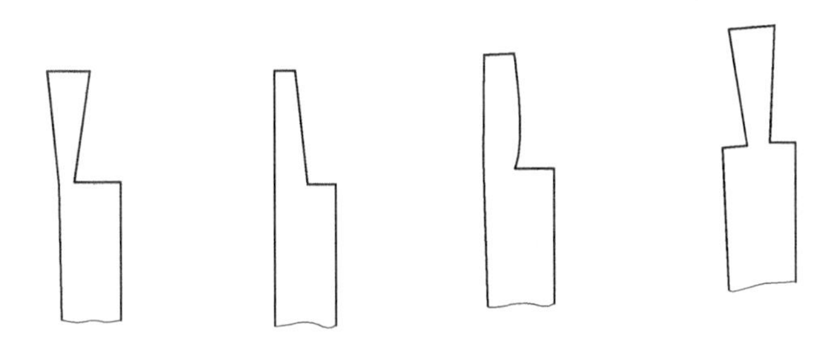

(a) 副偏角太大　(b) 副偏角负值　(c) 副刀刃一平直　(d) 左侧刃磨太多

图 2-1-6　刃磨副偏角容易出现的问题

3. 切槽的加工方法

切槽的加工方法有直进法和左右借刀法两种。

(1) 直进法就是用中拖板单向进刀切槽［图 2-1-7 (a)］，适用于切精度不高、狭窄的槽。车刀刀头宽度刃磨与槽宽一样。

(2) 左右借刀法就是让车刀横向进给车削一定槽深后退出，纵向借刀后再横向车削到上一刀的槽深后再重复以上步骤的方法［图 2-1-7 (b)］。本方法适用于切精度高、较宽的外槽。

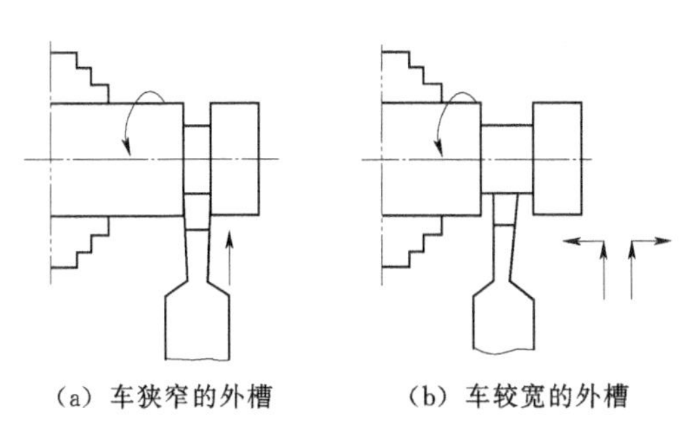

(a) 车狭窄的外槽　　(b) 车较宽的外槽

图 2-1-7　车外槽

四、工件的装夹安装

一夹一顶装夹工件如图 2-1-8 所示。为防止由于进给力的作用而使工件产生轴向位移，可以在主轴前端锥孔内安装一限位支撑［图 2-1-8 (a)］，也可以利用工件的台阶进行限位［图 2-1-8 (b)］。用这种方法装夹比较安全可靠，能承受较大的进给力，因此应用广泛。

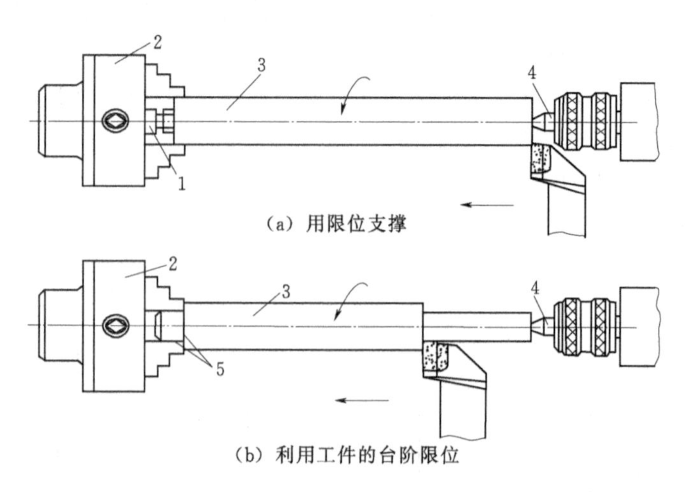

图 2-1-8 一夹一顶装夹

1—限位支撑；2—卡盘；3—工件；4—后顶尖；5—台阶

使用一夹一顶装夹工件的操作应注意以下几点：

(1) 在不影响车刀车削的前提下，尾座套筒应尽量伸出短些，以增加装夹刚度，减小振动。

(2) 卡爪夹持位置应在 5～10mm 以内，夹持过长会影响装夹效果。

(3) 后顶尖的中心线应在车床主轴轴线上，否则车出的工件会产生锥度，如图 2-1-9所示。

(4) 当后顶尖的中心线不在车床主轴轴线上，工件外圆产生锥度，两端直径不一致时应通过调整尾座的横向偏移量来校正后顶尖的中心线与车床主轴轴线重合，即校正工件的锥度。调整的方法是：车出的工件右端直径大，左端直径小时 [图 2-1-10 (a)]，尾座应向车刀方向移动；当车出的工件右端直径小，左端直径大时 [图 2-1-10 (b)]，尾座移动方向则相反。

(5) 用一夹一顶装夹方法加工产品前应检查并调整好尾座。在每次调整尾座后都要重

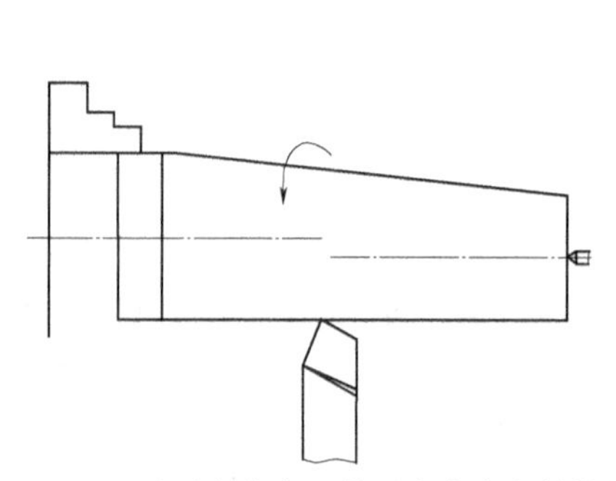

图 2-1-9 后顶尖的中心线不在车床主轴轴线上

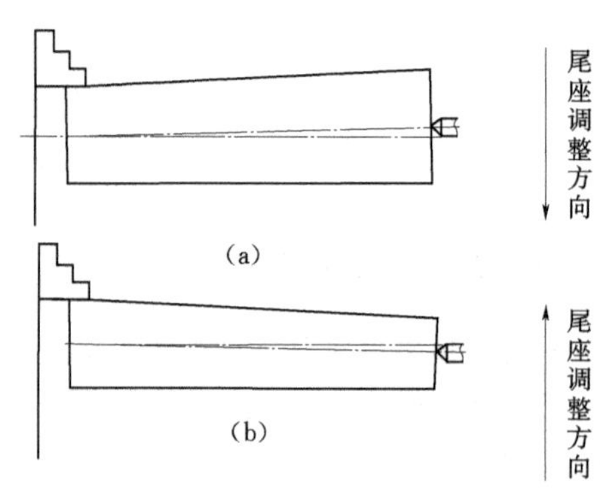

图 2-1-10 尾座的调整

新装夹，并要轻轻车一刀工件外圆检查。检查确保无误后才正式进行产品加工。

五、中心孔

1. 中心孔的形状

在采用一夹一顶装夹方法前，工件端面必须先钻中心孔。中心孔的形状如图 2－1－11 所示。

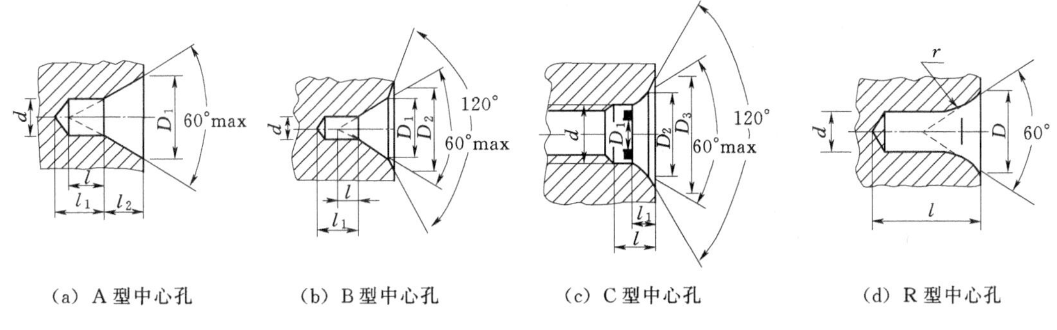

(a) A 型中心孔　(b) B 型中心孔　(c) C 型中心孔　(d) R 型中心孔

图 2－1－11　中心孔种类

（1）A 型中心孔。A 型中心孔由里面的圆柱孔和外边的圆锥孔组成，圆柱孔的主要作用是储存润滑油，并防止顶尖尖端接触工件，保证顶尖锥面与中心孔锥面配合可靠。

A 型中心孔一般适用于不需多次装夹或不保留中心孔的工件。

（2）B 型中心孔。B 型中心孔是在 A 型中心孔的端面部位多加工一个锥角为 120°的圆锥面，其作用是保护 60°锥面不让其他物体在使用中被拉毛、碰伤。

B 型中心孔一般适用于需要多次装夹的工件。

（3）C 型中心孔。C 型中心孔是在 B 型中心孔的基础上加工一个小型螺纹孔。

C 型中心孔一般适用于轴上零件的固定连接。

（4）R 型中心孔。R 型中心孔是将 A 型中心孔的 120°锥面的圆锥母线改为圆弧，这时与顶尖锥面的配合由面接触变成为线接触，定位精度高。

R 型中心孔适用于轻型和高精度的轴类工件。

2. 中心钻

中心钻的外形如图 2－1－12 所示。

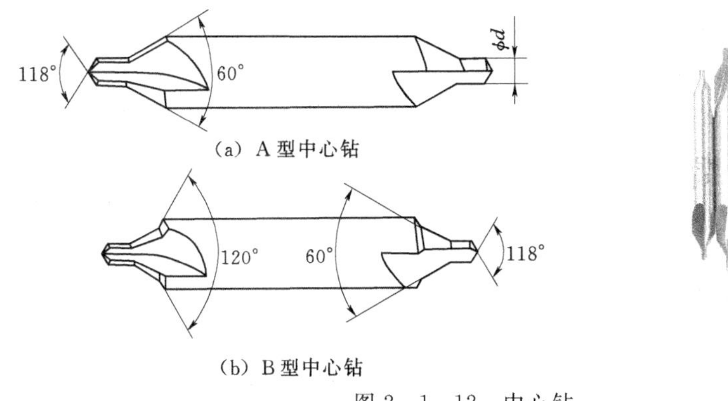

(a) A 型中心钻

(b) B 型中心钻

(c) 实物图

图 2－1－12　中心钻

3. 中心钻在车床尾座上的安装

（1）用钻夹头钥匙逆时针旋转钻夹头外套，使钻夹头（图 2－1－13）的三爪张开。

（2）用左手握住钻夹头外套部位，沿尾座套筒轴线方向将钻夹头锥柄用力插入尾座套筒锥孔内。如钻夹头柄部与车床尾座锥孔大小不吻合，可增加一合适的莫氏变径套（图 2－1－14）后再装入尾座锥孔中。

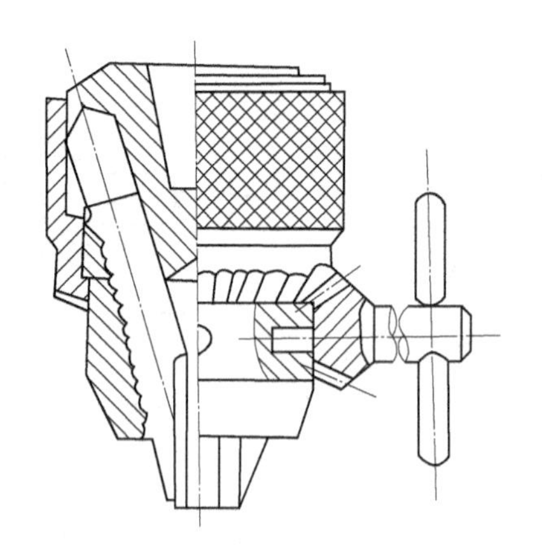

图 2－1－13　钻夹头、钻夹头匙

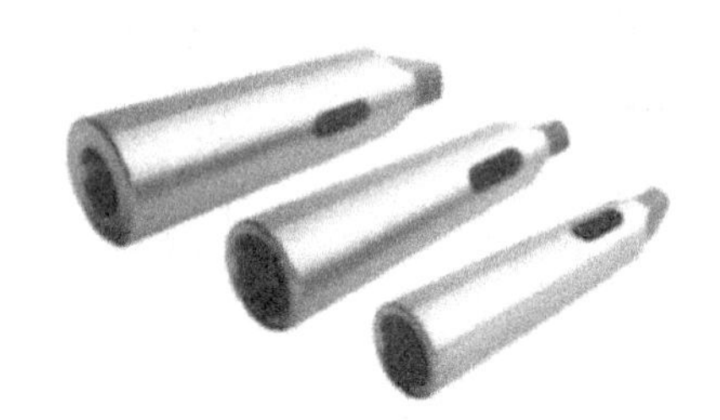

图 2－1－14　莫氏变径套

（3）将中心钻插入钻夹头的三爪之间，然后用钻夹头钥匙顺时针旋转夹紧中心钻（图 2－1－15）。

4. 在车床上钻中心孔方法

（1）在卡盘上装夹工件，应尽可能伸出短些，校正后车平端面，不能留有凸头。

（2）选取高转速，移动尾座，使中心钻靠近工件端面，观察中心钻头部是否与工件旋转中心一致，如不一致则应校正后再紧固尾座。

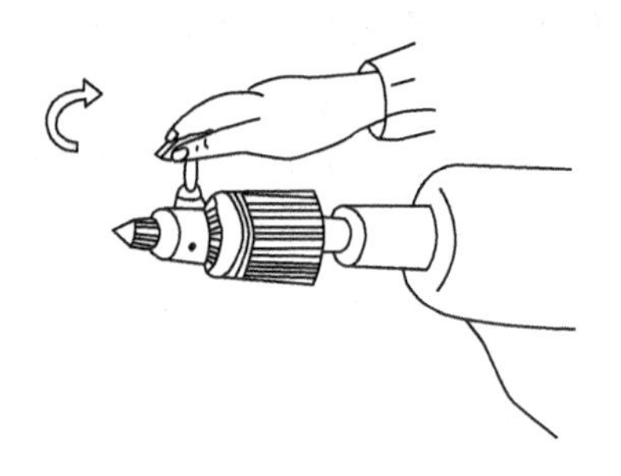

图 2－1－15　装夹中心钻

（3）缓慢均匀地摇动尾座手轮，使中心钻钻入工件端面。待钻到规定尺寸后，让中心钻原地不动数秒钟，使中心孔圆整后再退出；或轻轻进给，使中心钻的切削刃将 60°锥面切下薄薄一层切屑，这样可以减小中心孔的表面粗糙度值。钻中心孔的过程中还应注意勤退刀，及时清除切屑，必要时进行充分的冷却润滑。

5. 中心钻折断的原因及预防方法

（1）中心钻轴线与工件旋转轴线不一致，会使中心钻受到一个附加力而折断。因此，钻中心孔前必须严格校正尾座，使尾坐锥孔轴线与主轴轴线重合。

（2）工件端面不平整或中心处留有凸头，会使中心钻不能准确地定心而折断。因此，钻中心孔处的端面必须平整。

（3）选用的切削用量不合适，如工件转速太低而中心钻进给又太快，会使中心钻折断。

（4）磨钝后的中心钻强行钻入工件也易折断。因此，中心钻磨损后应及时修磨或调换。

(5) 没有浇注充分的切削液或没有及时清除切屑，也易导致切屑堵塞而折断中心钻。因此，钻中心孔时必要时浇注充分的切削液，并及时退出清除切屑后再钻。

六、刀具安装

1. 外圆车刀的安装

外圆车刀的安装与项目一任务八中“四、外圆车刀的安装”要求一致。

2. 切槽车刀的安装

(1) 车刀刀尖对准或只能略高于工件的旋转中心少许，一般在 0.5mm 以内。

(2) 两个实际工作角度副偏角在安装时要左右对称，图 2－1－16所示为不对称的情况。

(3) 伸出长度应在满足切削和观察的前提下尽量短些。

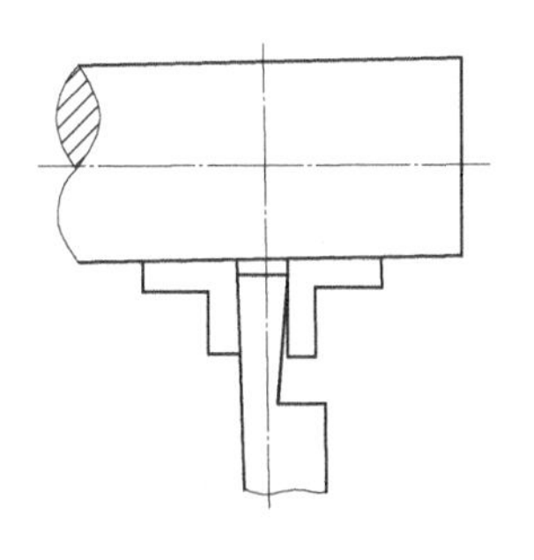

图 2－1－16　用 90°角尺检查车槽刀两侧副后角

七、车削加工工艺步骤与安全注意事项

1. 车削加工工艺步骤

(1) 夹材料，伸出 10mm 长，校正夹紧。

(2) 车平端面，钻中心孔。

(3) 停车床，松卡爪，一夹一顶重新装夹，卡爪夹 5～10mm 长。

(4) 试切削、试测量粗、精车外圆尺寸至要求，长度 69mm。

(5) 从工件右端面起取长 30mm 切第一条槽，取槽宽为 3mm，从第一条槽左边取长度 8mm 切第二条槽，取槽宽 3mm。

(6) 端面倒角 $C1$，槽倒角 $C0.5$。

(7) 检查各尺寸正确后拆下。

(8) 用铜片垫，夹 ϕ 18mm 外圆，校正夹紧。

(9) 车端面，取总长 68mm 后倒角 $C1$。

(10) 检查尺寸是否正确，加工完成。

2. 安全注意事项

(1) 开车床前，必须检查各项安全措施是否符合要求。

(2) 切槽刀安装不能低于工件旋转中心。

(3) 切槽时应选择中等切削速度，并加注充分的切削液。

(4) 切槽时如出现切削振动，应适当降低切削速度或适当加快进给量。

(5) 停车床测量时必须待主轴完全停止、车床变速手柄拨到空挡位置后方可进行。

【任务实施】

本任务实施步骤见表 2－1－4。

表 2-1-4 任务实施步骤

步骤	实施内容	完成者	说明
1	审图、确定车削加工工艺	教师、全体学生	教师引导学生进行审图、确定加工工艺
2	工件装夹	学生	教师指导学生把工件装夹牢固
3	车端面、钻中心孔	教师、全体学生	学生先根据工程图的图样要求，车好端面、钻中心孔
4	工件一夹一顶重新装夹安装	教师、学生	教师讲解一夹一顶的安装要求，组织小组轮流观看教师演示一夹一顶安装工件
5	车削外圆	教师、学生	教师指导学生加工好工件外圆
6	车削外槽、倒角 $C1$ 和 $C0.5$	教师、学生	教师先讲解车削外槽的要求、方法、注意事项，演示车削外槽达到要求后；指导学生完成切槽，达到图样要求，并倒角
7	调头装夹车端面取总长，倒角 $C1$	全体学生	教师演示完成后，学生自己独立完成

【任务评价】

根据学生完成本任务的情况对他们的实习进行评价，评价表见表 2-1-5。

表 2-1-5 手柄套质量检测评价表

序号	考核项目	考核内容及要求	配分	评分标准	检验结果	得分
1	外圆	$\phi 18_{-0.011}^{0}$	7	每超差 0.01 扣 1 分		
2		$\phi 18_{-0.011}^{0}$	7	每超差 0.01 扣 1 分		
3		$\phi 18_{-0.011}^{0}$	7	每超差 0.01 扣 1 分		
4		2-ϕ14.2	8	按 IT14 超差扣分		
5	长度	68	5	按 IT14 超差扣分		
6		30	7	按 IT14 超差扣分		
7		8	7	按 IT14 超差扣分		
8	切槽	宽 3	10	按 IT14 超差扣分		
9	倒角	$C1$；$C0.5$，4 处；2×30°	6	m 超差不得分		
10	粗糙度	$R_a1.6\mu m$，3 处	12	降一级扣 2 分		
		$R_a3.2\mu m$，2 处	4	降一级扣 2 分		
11	工具、设备的使用与维护	正确、规范使用工、量、刃具，合理保养及维护工、量、刃具	10	不符合要求酌情扣 1～8 分		
		正确、规范使用设备，合理保护及维护设备		不符合要求酌情扣 1～8 分		
		操作姿势、动作正确		不符合要求酌情扣 1～8 分		
12	安全与其他	安全文明生产，按国家颁布的有关法规或企业自定的有关规定	10	一项不符合要求扣 2 分，发生较大事故者取消考试资格		
		操作、工艺规范正确		一处不符合要求扣 2 分		
		工件各表面无缺陷		不符合要求酌情扣 1～8 分		
总分：						

【扩展视野】

应用一：车削工艺塞（图 2-1-17）。

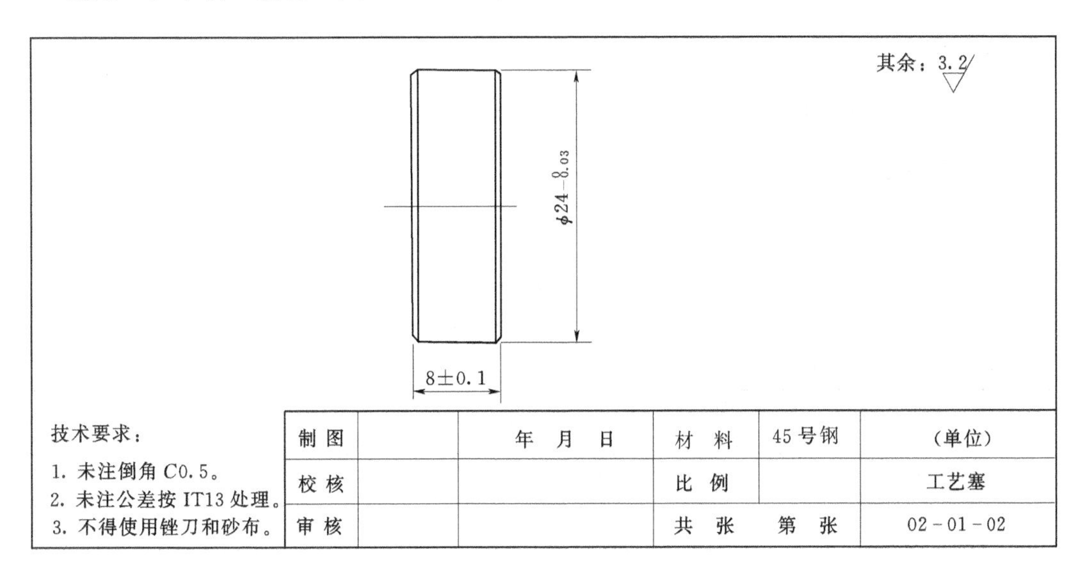

图 2-1-17　工艺塞图样

讨论：

1. 车削加工工艺步骤：

2. 操作设备、工具准备（表 2-1-6）

表 2-1-6　　操作设备、工具

序号	设备、工具名称	单位	数量	用途
1				
2				
3				
4				
5				
6				
7				
8				
9				
10				

任务二 车削传动轴

【任务描述】

某五金工艺制品有限公司订制一批传动轴，数量120套，材料、加工要求见生产任务书。

【生产任务书】

零件施工单见表2-2-1，传动轴图样如图2-2-1所示。

表2-2-1　　零件施工单

投放日期：________　班组：________　要求完成任务时间：____天

材料尺寸及数量：ϕ30mm×120mm，120套

图号	零件名称		计划数量		完成数量
02-02-01	传动轴		120套		
加工成员姓名	工序	合格数	工废数	料废数	完成时间
班组质检				抽检	
总质检					

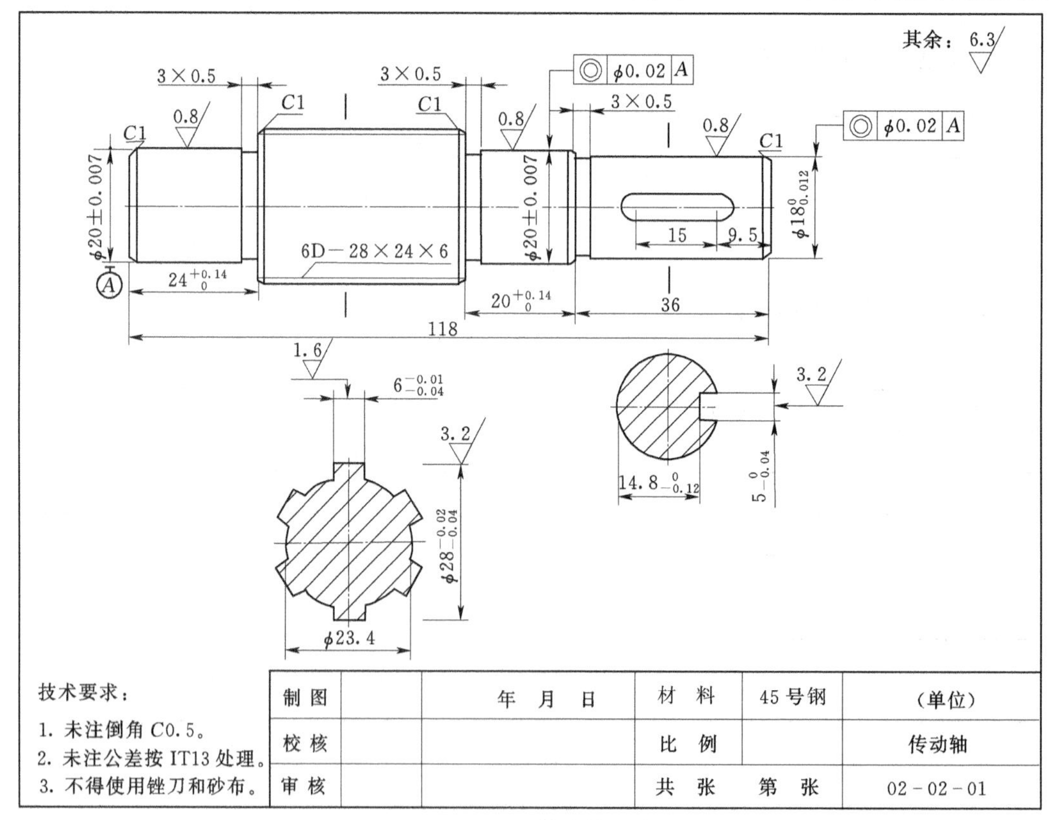

图2-2-1　传动轴图样

【任务分析】

本任务是使用毛坯料为 ϕ 30mm×120mm 的钢料，在以往车削外圆等课题的基础上，车削传动轴（图 2－2－1），其中包括钻中心孔、切槽、车外圆的知识，操作设备及工具准备刀具的准备、加工工艺的制订、切削用量的选择等作为准备，见表 2－2－2。

表 2－2－2　　为完成传动轴必须进行的准备内容

序　号	内　容
1	图纸技术工艺分析
2	选择加工刀具
3	操作设备及工具准备
4	工件的安装
5	切削用量的选择
6	车削加工工艺步骤及安全注意事项
7	轴类工件的车削质量分析

【实施目标】

通过传动轴产品加工，了解企业生产的产品管理流程；锻炼学生表达与沟通能力；能正确选择和运用刀具；能合理安排零件加工工艺；能合理安排工作岗位、安全操作机床加工产品。

（1）质量目标：能按传动轴车削要求安排车削步骤，并按照普通车床操作的安全规程、车间安全防护规定，操作车床加工出产品。

（2）安全目标：严格按照普通车床车间安全操作规程进行任务作业。

（3）文明目标：自觉按照普通车床车间文明生产规则进行任务作业。

【实施建议】

（1）将学生按人数平均分组，明确任务组长。

（2）分别以车间主任、班组长、一线员工等角色领取任务，责任到人。

（3）适时组织小组讨论分工、信息学习、加工工步、评价学习等教学活动。

【任务信息学习】

一、图纸技术工艺分析

零件图纸（图 2－2－1）的要求加工精度主要从尺寸精度、表面粗糙度和形位公差精度三方面综合表现。零件图中尺寸精度和表面粗糙度要求都比较高，如果加工者操作技术未能达到要求的可以采用粗、半精车外圆，精切外槽后到外圆磨床上精磨外圆。形位公差方面也是要求右边两级外圆 ϕ 20mm 和 ϕ 18mm 的轴心线与左边 ϕ 20mm 外圆的轴线有同轴度要求，所以车削装夹采用一夹一顶粗车，两顶尖精车。

二、选择加工刀具

考虑到学生已学习车床操作，具有一定的基础，故选择硬质合金90°外圆车刀高速车削；切槽则依然采用刀头宽为3mm高速钢切槽刀；两端面钻A2中心孔。

三、操作设备、工具准备

本任务需要准备的操作设备、工具见表2-2-3。

表2-2-3 操作设备、工具

序号	设备、工具名称	单位	数量	用途
1	C6132A车床	台	24	主要加工设备
2	硬质合金90°外圆车刀	把	24	车外圆
3	高速钢切槽刀	把	24	切槽
4	A2中心钻	个	10	钻中心孔
5	钻夹头	个	10	工件装夹
6	鸡心夹	个	24	工件装夹
7	前顶尖	个	24	工件装夹
8	活动顶尖	个	24	工件装夹
9	固定顶尖	个	24	工件装夹
10	量具	套	24	测量
11	ϕ30mm×120mm的钢材	件	24	用于完成任务

四、工件的安装

从图纸要求分析，零件的形位公差要求高，根据材料长度不能用一次装夹车出，只有调头加工。为保证加工精度，采用一夹一顶粗加工，两顶尖装夹精加工的生产工艺。但在加工过程中要注意鸡心夹和尾顶的使用。

在任务一里已学习了一夹一顶装夹车削轴类零件，所以在本任务中只介绍两顶尖装夹加工（图2-2-2）。

1. 后顶尖

固定顶尖［图2-2-3（a）、（b）］也称死顶尖，其特点是刚度好，定位精度高适用于精

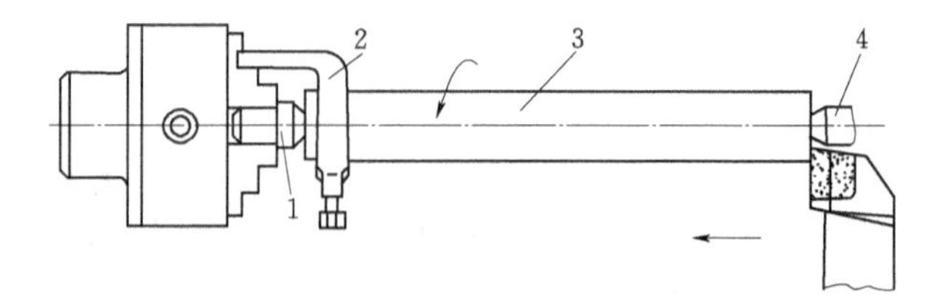

图2-2-2 两顶尖装夹

1—前顶尖；2—鸡心夹头；3—工件；4—后顶尖

加工；但顶尖与工件中心孔接触面间为滑动摩擦，容易因发热而将中心孔或顶尖“烧坏”。

回转顶尖如图 2-2-3（c）所示。将顶尖与中心孔之间的滑动摩擦变成顶尖内部轴承的滚动摩擦，故能在高速运转中正常工作，克服了固定顶尖的缺点，应用广泛。但由于回转顶尖存在一定的装配累积误差，且滚动轴承磨损后会使顶尖产生径向圆跳动，从而会降低定心精度。回转顶尖适用于粗、半精加工。

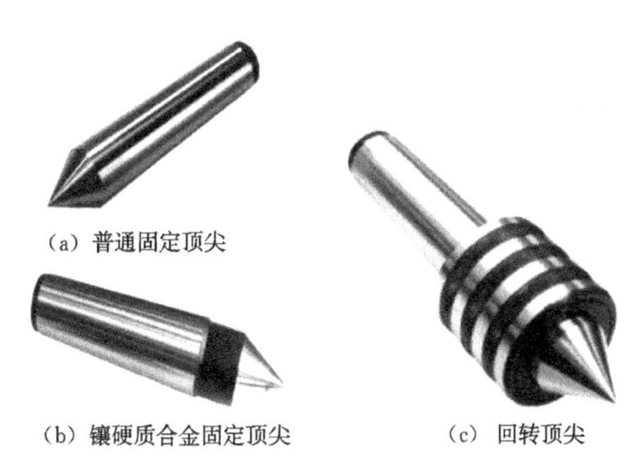

(a) 普通固定顶尖

(b) 镶硬质合金固定顶尖

(c) 回转顶尖

图 2-2-3　后顶尖

2. 前顶尖

直接安装在主轴锥孔内的前顶尖［图 2-2-4（a）］可多次重复使用，但装拆相对较麻烦。

在卡盘上车成的前顶尖［图 2-2-4（b）］制造使用方便，但当使用率较高时卡爪容易松动变形，所以当使用一定时间后要重新车一次 60°圆锥面。

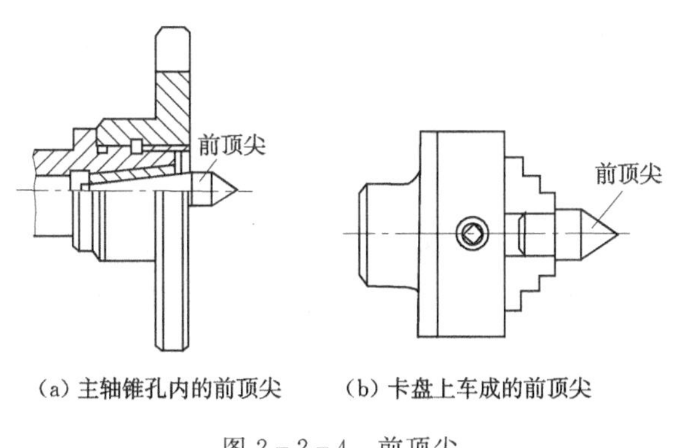

(a) 主轴锥孔内的前顶尖　(b) 卡盘上车成的前顶尖

图 2-2-4　前顶尖

五、切削用量的选择

在加工本任务之前，已对车床有了较深刻的认识并具有了一定基础的车削技能。切削用量的选择如下：

（1）粗车外圆主要是尽快去除工件的多余余量，所以首先选择深的切削深度（1～3mm）；进给量应选 0.2～0.3mm/r；最后才选择适当的车床转速，一般为中等切削速度（主轴转速 200～400r/min）。

（2）精车外圆主要是保证零件的尺寸精度要求和表面质量，精车余量也不多，而且余量均匀切削过程平稳，所以首先选择高的切削速度为700r/min以上；再选择慢的进给量为0.1mm/r；切削深度的选择只能根据加工余量来确定。

（3）切槽是采用高速钢车刀，所以应选择中等切削速度为200～300r/min。

（4）钻中心孔时由于工件中心的速度很低，所以应选择高的切削速度为700r/min以上。

六、车削加工工艺步骤及安全注意事项

1. 车削加工工艺步骤

（1）工件伸出卡爪30mm长，校正夹紧。

（2）车端面，钻中心孔A2。

（3）拆下工件调头，工件伸出卡爪30mm长，校正夹紧。

（4）车端面，取总长118mm，钻中心孔A2，粗车外圆至ϕ25mm×10mm。

（5）拆下工件，一夹一顶装夹，卡爪夹ϕ25mm外圆，粗车外圆至ϕ29mm×尽长、ϕ22mm×23mm。

（6）拆下工件调头，一夹一顶装夹，夹ϕ22mm外圆，粗车外圆至ϕ20mm×35mm、ϕ22mm×20mm。

（7）松开工件，夹一材料到卡盘上，转动小拖板30°车削前顶尖，车好后不要拆除前顶。

（8）采用两顶尖装夹，用鸡心夹夹ϕ20mm外圆，精车外圆至$\phi 28_{-0.04}^{-0.02}$mm×尽长、ϕ（20±0.007）mm×$24_{0}^{+0.14}$mm；换转速，切退刀槽3mm×0.5mm，倒角$C1$。

（9）拆下工件调头，两顶尖装夹，用鸡心夹夹ϕ20mm外圆，精车外圆至$\phi 18_{-0.012}^{0}$mm×36mm；ϕ(20±0.007)mm×$20_{0}^{+0.14}$mm；切两条退刀槽3mm×0.5mm，倒角$C1$。

（10）检查尺寸，完成加工。

2. 安全注意事项

（1）后顶尖的中心线应与车床主轴轴线重合，否则车出的工件会产生锥度。

（2）在不影响车刀切削的前提下，尾座套筒应尽量伸出短些，以提高刚度，减少振动。

（3）中心孔的形状应正确，表面粗糙度值要小，应保持中心孔的洁净并防止碰伤。

（4）当后顶尖用固定顶尖时，由于中心孔与顶尖为滑动摩擦，故应在中心孔内加入润滑脂，以减小摩擦。

（5）顶尖与中心孔的配合必须松紧适宜。鸡心夹头或平行对分夹头必须牢靠地夹住工件，以防切削时移动打滑，损坏车刀。

（6）注意安全，防止鸡心夹头或平行对分夹头勾衣伤人。

（7）车外圆时，当出现外圆两端直径尺寸不一致的情况时，应调整尾座的横向偏移量校正工件的锥度后再进行车削加工。调整的方法与用一夹一顶车削外圆调整尾座的方法相同。

七、轴类工件的车削质量分析

1. 废品产生原因及预防方法

车削轴类工件时，常会产生废品。各种废品产生的原因及预防方法见表2-2-4。

表2-2-4　车削轴类工件产生废品的原因及预防方法

废品种类	产生原因	预防方法
尺寸精度达不到要求	（1）看错图纸或刻度盘使用不当	（1）必须看清图纸尺寸要求，正确使用及看清刻度盘
	（2）没有进行试切削、测量	（2）根据加工余量计算出背吃刀量，进行试切削，然后修正背吃刀量
	（3）量具有误差或测量姿势不正确	（3）量具使用前要认真检查和调整量具的零位，正确掌握测量方法
	（4）由于切削热的影响，使工件尺寸发生变化	（4）不能在工件温度较高时测量，如测量，应加注切削液，降低工件温度后再测量
	（5）机动进给没有及时关闭，使车刀进给长度超过台阶长度	（5）注意及时关闭机动进给，应提前1mm时关闭机动进给，再用手动进给到长度尺寸
	（6）车槽时，车槽刀主切削刃太宽或太窄，使槽宽不正确	（6）根据槽宽刃磨车槽刀主切削刃宽度
表面粗糙度达不到要求	（1）车床刚度低，如滑板镶条太松，传动零件不平衡或主轴太松引起振动	（1）消除或防止由于车床刚度不足而起的振动（如调整车床各部分的间隙）
	（2）车刀刚度低或伸出太长引起振动	（2）增加车刀刚度和正确装夹车刀
	（3）工件刚度低引起振动	（3）增加工件的装夹刚度
	（4）车刀几何参数不合理，如选用过小的前角、后角和主偏角	（4）选用合理的车刀几何参数，如适当增加前角、选择合理的后角和主偏角
	（5）切削用量选用不当	（5）进给量不宜太大，精车余量和切削速度应选择恰当
产生锥度	（1）用一夹一顶或两顶尖装夹工件时，后顶尖轴线不在主轴轴线上	（1）车削前必须检查或通过调整尾座校正锥度
	（2）用小滑板车外圆，小滑板的位置不正，即小滑板的基准刻线跟中滑板的“0”刻线没有对准	（2）车削前必须检查小滑板的基准刻线与中滑板的“0”刻线是否对准
	（3）用卡盘装夹纵向进给车削时，车床导轨与车床主轴轴线不平行	（3）调整车床主轴与床身导轨的平行度
	（4）工件装夹时悬伸较长，车削时因切削力影响使前端让开，产生锥度	（4）尽量减小工件的伸出长度，或采用一夹一顶装夹以增加装夹刚度
	（5）车刀中途逐渐磨损	（5）选用合适的刀具材料，或选择适当的切削用量
圆度超差	（1）车床主轴间隙太大	（1）车削前检查主轴间隙，并调整合适。如出现主轴轴承磨损严重，则需要更换轴承
	（2）毛坯余量不均匀，切削过程中背吃刀量变化大	（2）半精车后再精车
	（3）工件用两顶尖装夹时，中心接触不良，或后顶尖顶得不紧，或前后顶尖产生径向圆跳动	（3）两顶尖装夹必须松紧适当，若回转顶尖产生径向圆跳动，需及时修理或更换

2. 减小工件表面粗糙度值的方法

在生产中若发现工件的表面粗糙度达不到要求，应观察表面粗糙度值大的现象，找出影响表面粗糙度的主要因素，提出解决方法。

常见的表面粗糙度值大的现象如图 2-2-5 所示，可采取以下措施：

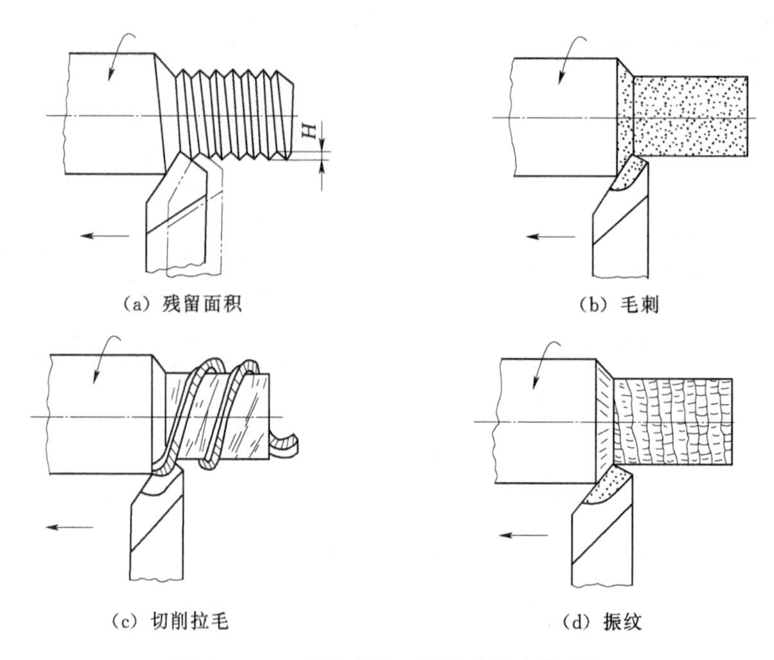

图 2-2-5 常见的表面粗糙度值大的现象

(1) 减小残留面积高度。车削时，如果工件上表面残留面积轮廓清楚，则说明其他切削条件正常。减小表面粗糙值，可从以下几个方面入手：

1) 减小副偏角和刃磨修光刃。减小副偏角和刃磨修光刃对减小表面粗糙度值有明显的效果。但修光刃不能太长，修光刃过长，工艺系统刚度差，会引起振动，因此修光刃长度应为（1～1.5）f。

2) 增大刀尖圆弧半径。但如果机床刚度不足，刀尖圆弧半径过大会使背向力增大而产生振动，反而使表面粗糙度值变大。

3) 减小进给量。进给量是影响表面粗糙度最为显著的一个因素，进给量越小，残留面积高度越小，此时，表面质量越高。

(2) 避免工件表面产生毛刺。工件表面产生毛刺一般是由积屑瘤引起的。产生积屑瘤的主要因素是切削速度。如果用高速钢车刀应降低切削速度（v_c<5m/min），并加注切削液；用硬质合金车刀时应提高切削速度（v_c>80m/min），另外，应尽量减小车刀前面和后面的表面粗糙度值，并保持刀刃锋利。

(3) 避免磨损亮斑。工件表面出现磨损亮斑，切削时有噪声，说明刀具已严重磨损。磨钝的切削刃将工件表面挤压出亮斑或亮点，使表面粗糙度值变大，这时应及时更换或修磨刀具。

(4) 防止切屑拉毛已加工表面。切屑拉毛已加工表面的现象是刀具刃倾角影响的。这时应选用正值的刃倾角，使切屑流向工件待加工表面，并采用断屑措施。

（5）防止和减小振纹。切削时产生的振动会使工件表面出现周期性的横向或纵向的振纹。防止和消除振纹可从以下几方面入手：

1）调整车床主轴间隙，提高轴承精度；调整滑板楔铁，使移动平稳轻便。

2）合理选择刀具几何参数，经常保持切削刃光洁和锋利，并增加刀具的装夹刚度。

3）增加工件的装夹刚度，例如，装夹时不宜悬伸太长，细长轴应采用中心架或跟刀架支撑。

4）应选择合理的切削用量，如选择较小的背吃刀量和进给量，改变切削速度。

（6）合理选用切削液，保证充分冷却、润滑。选择合理的切削液，改善切削条件，使切削区域金属材料的塑性变形程度下降。从而消除积屑瘤和减小表面粗糙度。所以采用合适的切削液是减小表面粗糙度值的有效方法。

【任务实施】

本任务实施步骤见表2-2-5。

表2-2-5　　任务实施步骤

步骤	实施内容	完成者	说明
1	审图、确定加工工艺	教师、全体学生	教师引导学生进行审图、确定加工工艺
2	工件装夹	学生	教师指导学生把工件装夹牢固
3	车端面、钻中心孔	学生	学生先根据工程图的图样要求，车好端面、加工好钻中心孔
4	调头装夹工件车端面，取总长，钻中心孔	教师、学生	学生先根据工程图的图样要求，车好端面、加工好钻中心孔
5	两顶尖装夹加工	教师、学生	教师演示选择切削用量并指导学生进行选择学习
6	切槽	教师、学生	教师指导学生完成切槽，达到图样要求
7	综合车削加工完成	全体学生	教师演示完成后，学生自己独立完成

【任务评价】

根据学生完成本任务的情况对他们的实习进行评价，评价表见表2-2-6。

表2-2-6　　传动轴质量检测评价表

序号	考核项目	考核内容及要求	配分	评分标准	检验结果	得分
1	外圆	$\phi 28_{-0.04}^{-0.02}$	6	每超差0.01扣1分		
2		$\phi 20 \pm 0.007$	7	每超差0.01扣1分		
3		$\phi 20 \pm 0.007$	7	每超差0.01扣1分		
4		$\phi 18_{-0.012}^{0}$	6	按IT14超差扣分		

续表

序号	考核项目	考核内容及要求	配分	评分标准	检验结果	得分
5	长度	118	5	按 IT14 超差扣分		
6		$24^{+0.14}_{0}$	6	按 IT14 超差扣分		
7		$24^{+0.14}_{0}$	6	按 IT14 超差扣分		
8		36	4	按 IT14 超差扣分		
9	切槽	3×0.5，3 处	9	按 IT14 超差扣分		
10	倒角	$C1$，4 处	4	超差不得分		
11	粗糙度	$R_a0.8\mu m$，3 处	6	降一级扣 2 分		
		$R_a3.2\mu m$，1 处	4	降一级扣 2 分		
12	同轴度	$\phi 0.02$，2 处	10	超差不得分		
13	工具、设备的使用与维护	正确、规范使用工、量、刃具，合理保养及维护工、量、刃具	10	不符合要求酌情扣 1～8 分		
		正确、规范使用设备，合理保护及维护设备		不符合要求酌情扣 1～8 分		
		操作姿势、动作正确		不符合要求酌情扣 1～8 分		
14	安全与其他	安全文明生产，按国家颁布的有关法规或企业自定的有关规定	10	一项不符合要求酌情扣 2 分，发生较大事故者取消考试资格		
		操作、工艺规范正确		一处不符合要求扣 2 分		
		工件各表面无缺陷		不符合要求酌情扣 1～8 分		
总分：						

【扩展视野】

应用一：平面沟槽。

常见平面沟槽有矩形槽、圆弧形槽、燕尾槽和 T 形槽等，如图 2-2-6 所示。

矩形槽、圆弧形槽通常用于减轻工件重量、减小工件接触面或用作油槽。

燕尾槽和 T 形槽常用于穿螺钉、螺栓连接工件。

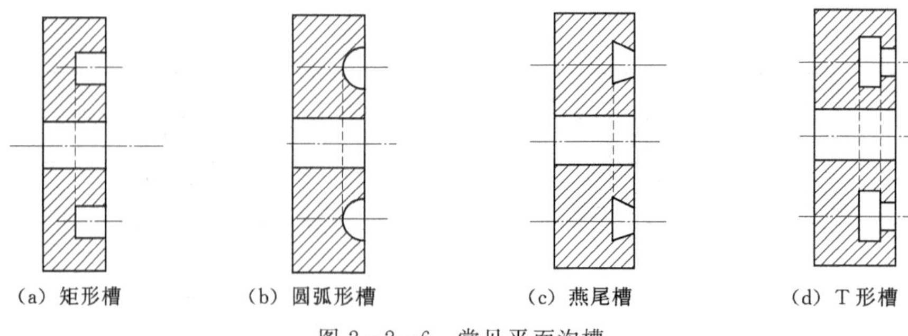

图 2-2-6 常见平面沟槽

车平面槽时，如图 2－2－7 所示，车槽刀的左侧相当于在车内孔，而右侧相当于车外圆。所以，平面车槽刀的左侧副后面须按平面槽的圆弧大小来刃磨成圆弧面并且带有一定的后角，而右侧副后面就按刃磨外圆车刀的副后面的要求刃磨，如图 2－2－8所示。

安装车槽刀时，主切削刃必须与工件中心等高、与端面平行。

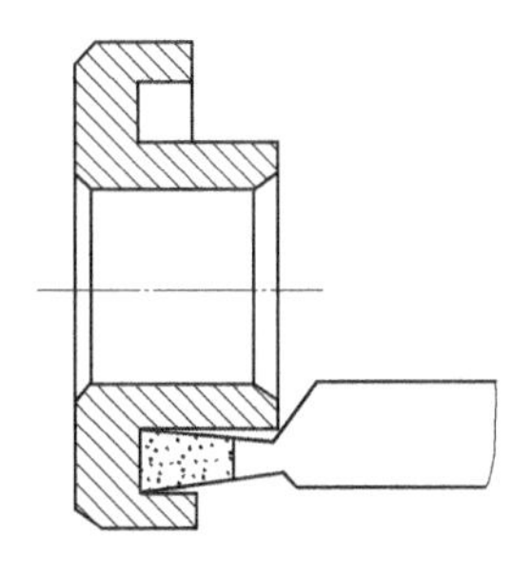

图 2－2－7　车平面槽

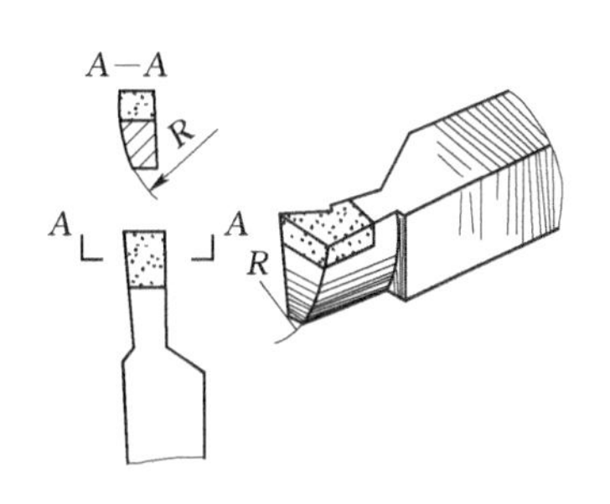

图 2－2－8　平面槽刀

平面槽车削方法如下：

(1) 根据图纸要求在端面上刻线，如图 2－2－9 所示，计算工件实际外径与平面槽外圈直径的距离来调整车槽刀的位置刻外圈直径的刻线；计算工件实际外径与平面槽内圈直径的距离来调整车槽刀的位置刻内圈直径的刻线。

(2) 根据平面槽的精度可采用直进法一次加工完成或采用先粗加工、后精加工的方法。

(3) 车削槽宽很大的平面槽，可采用多次直进粗车（图 2－2－10）或用尖头车刀直进加横向进刀的方法粗加工（图 2－2－11），然后再用车槽刀精车至尺寸要求。

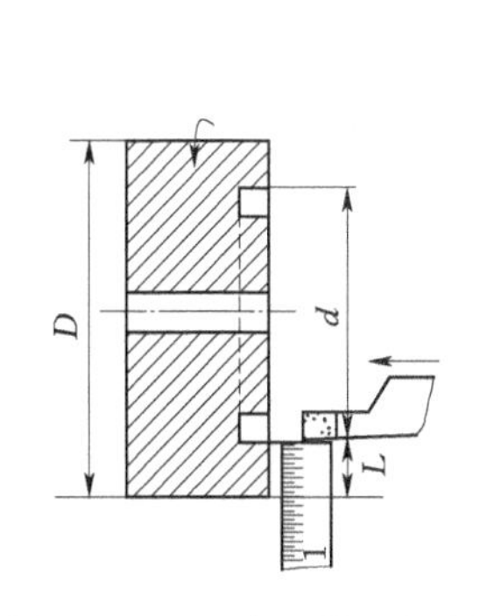

图 2－2－9　车刀位置调整

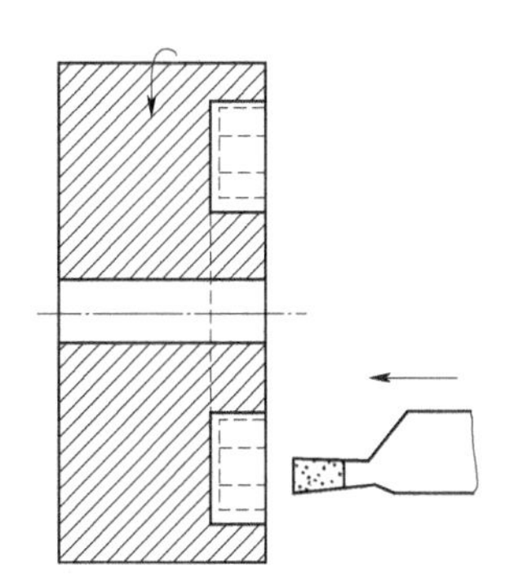

图 2－2－10　多次直进车平面槽

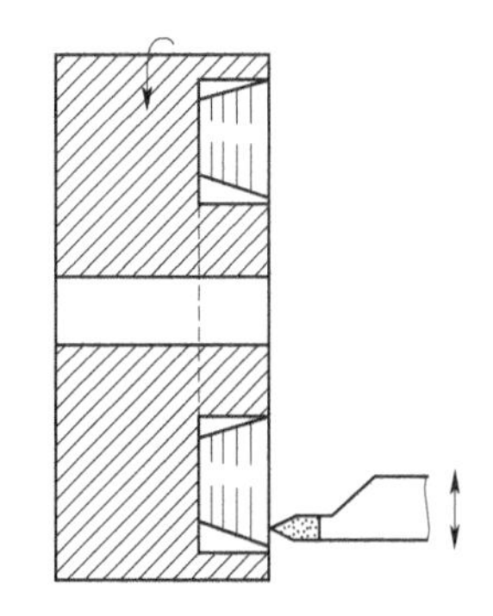

图 2－2－11　尖头车刀直进加横向进刀车平面槽

应用二：45°外沟槽。

车 45°外沟槽如图 2－2－12 所示，有直沟槽、圆弧沟槽和外圆端面沟槽三种方法。

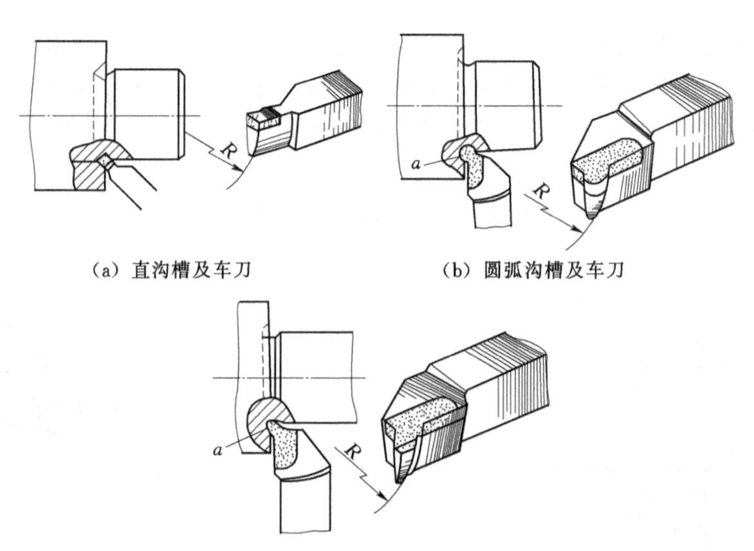

（a）直沟槽及车刀　　（b）圆弧沟槽及车刀

（c）外圆端面沟槽及车刀

图 2-2-12　45°外沟槽及车刀

项目三　车削套类产品

任务一　车削挡圈

【任务描述】

某五金工艺制品有限公司订制一批挡圈零件，数量120件，材料、加工要求见生产任务书。

【生产任务书】

零件施工单见表3-1-1，挡圈图样如图3-1-1所示。

表3-1-1　　**零件施工单**

投放日期：__________　班组：__________　要求完成任务时间：____天

材料尺寸及数量：ϕ50mm×200mm，120件

图　号	零件名称		计划数量		完成数量
03-01-01	挡　圈		120件		
加工成员姓名	工序	合格数	工废数	料废数	完成时间
班组质检				抽检	
总质检					

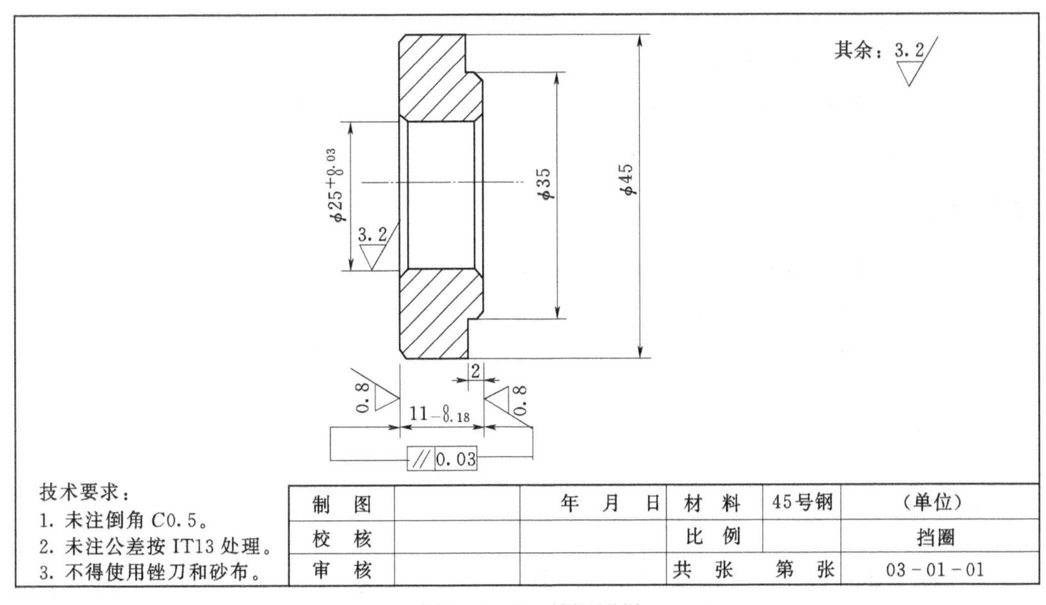

图3-1-1　挡圈图样

【任务分析】

本任务是使毛坯料为 ϕ 50mm×200mm 的钢料，在以往车削外圆的课题基础上车削挡圈（图 3-1-1），其中包括车外圆、车孔的加工知识、操作设备及工具准备、车刀的选用、切削用量的选择等作为准备，见表 3-1-2。

表 3-1-2　　为完成挡圈必须进行的准备内容

序　　号	内　　容
1	分析生产图纸，确定加工方案
2	内孔加工技术分析
3	操作设备及工具准备
4	钻头知识学习及刃磨
5	内孔车刀知识学习及刃磨
6	钻孔方法与注意事项
7	车内孔方法与注意事项
8	内孔的检测方法
9	工件的车削加工工艺及安全注意事项

【实施目标】

通过挡圈产品加工，了解企业生产的管理流程；锻炼学生表达与沟通能力；能正确选择和运用刀具；能合理安排挡圈加工工艺；能合理安排工作岗位、安全操作机床加工产品。

（1）质量目标：能按挡圈车削要求安排车削步骤，并按照普通车床操作的安全规程、车间安全防护规定，操作车床加工出产品。

（2）安全目标：严格按照普通车床车间安全操作规程进行任务作业。

（3）文明目标：自觉按照普通车床车间文明生产规则进行任务作业。

【实施建议】

（1）将学生按人数平均分组，明确任务组长。

（2）分别以车间主任、班组长、一线员工等角色领取任务，责任到人。

（3）适时组织小组讨论分工、信息学习、加工工步、评价学习等教学活动。

【任务信息学习】

一、分析生产图纸，确定加工方案

分析生产零件图（图 3-1-1），该零件外圆、内孔的尺寸精度和表面粗糙度要求不高；总长有尺寸公差要求，两端面平行度要求不能超过 0.03mm，材料为 ϕ 50mm×

200mm 的钢料。所以该零件加工方式为三爪卡盘装夹一次加工完成，再掉头装夹校正车端面取总长。车外圆、端面采用硬质合金车刀高速车削；车内孔采用先钻孔后再车孔，用内径百分表或内卡配合千分尺测量。内孔的加工是本任务的新知识内容。

二、内孔加工技术分析

在机械零件中，一般把带有内孔的轴套、衬套等零件称为套类零件。套类零件的车削加工工艺主要是考虑圆柱孔的车削加工工艺。但圆柱孔的加工要比车削外圆困难得多，因为：

（1）孔加工是在工件内部进行的，观察切削情况很困难。尤其是孔径小时，根本看不见，因此加工精度控制更困难。

（2）刀柄尺寸由于受孔径的限制，不能做得太粗，又不能太短，因此刚度很差，特别是加工孔径小、长度长的孔时，更为突出。

（3）排屑和冷却困难。

（4）当工件壁厚较薄时，加工时容易变形。

（5）圆柱孔的测量比外圆困难。

圆柱孔的加工方法根据孔的精度要求可选择钻、扩、车或铰孔等方法。

精度要求低及一般精度且没有配合要求的内孔可以用钻头直接钻出或钻孔后再扩孔得到；精度要求高且有配合要求的内孔，钻孔后再车孔得到；而精度要求高的小孔和深孔，用车刀难以车削加工的，一般采用先钻中心孔定心，然后钻孔、扩孔再铰孔的加工方法。

三、操作设备、工具准备

本任务需要准备的设备、工具见表 3-1-3。

表 3-1-3　　操作设备、工具

序　号	设备、工具名称	单　位	数　量	用　　途
1	C6132A 车床	台	24	主要加工设备
2	钻头 ϕ23mm	个	10	用于钻孔
3	高速钢内孔粗车刀	把	24	车内孔
4	高速钢内孔精车刀	把	24	车内孔
5	硬质合金外圆车刀	把	48	车外圆、端面
6	切槽刀	把	24	切断
7	划针盘	个	24	校正端面
8	内卡钳、钢尺	套	24	测量内孔、长度
9	游标卡尺	把	24	测量
10	千分尺	把	48	测量
11	内径百分表	套	24	测量
12	ϕ50mm×200mm 的钢料	件	24	用于完成任务

四、钻头知识学习及刃磨

用钻头在实体材料上加工孔的方法称为钻孔。钻孔属于粗加工，其加工精度一般可达IT11～IT12。表面粗糙度 R_a 值可达到12.5μm。精度要求不高的孔可以直接钻出。钻孔所用的刃具最普遍的是麻花钻。

1. 麻花钻

麻花钻由柄部、颈部和工作部分组成，如图3-1-2（b）所示。柄部是麻花钻上的夹持部分，切削时用来传递转矩。刀柄有锥柄（莫氏标准锥度）和直柄两种。直柄麻花钻的直径一般为0.3～16mm，如图3-1-2（a）所示。

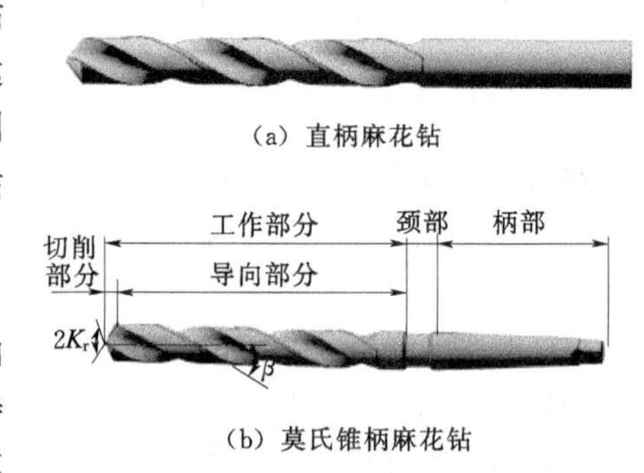

（a）直柄麻花钻

（b）莫氏锥柄麻花钻

图3-1-2　标准麻花钻

麻花钻工作部分的几何形状如图3-1-3所示。

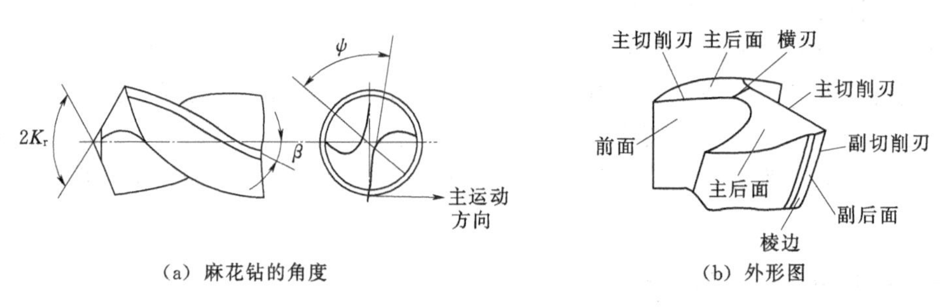

（a）麻花钻的角度　（b）外形图

图3-1-3　麻花钻的几何形状

（1）螺旋槽。钻头的工作部分有两条螺旋槽，它的作用是构成切削刃、排出切屑和流通切削液。

（2）前面。螺旋槽面称为前面。

（3）主后面。麻花钻钻顶的螺旋圆锥面称为主后面。

（4）主切削刃。前面和主后面的交线为主切削刃，担任主要的钻削任务。

（5）顶角 $2K_r$。钻头两主切削刃之间的夹角。一方面，顶角大，主切削刃短，定心差，钻出的孔容易扩大；另一方面，顶角大，前角也增大，切削时省力些；顶角小，则反之。一般标准麻花钻的顶角为118°。当麻花钻顶角为118°时，两主切削刃为直线，顶角磨得小于118°时，主切削刃就变为凸形曲线，磨得大于118°时，主切削刃变成凹形曲线（图3-1-4）。

（6）前角（γ_o）。麻花钻前角是前刀面和基面之间的夹角。它的大小跟螺旋角、顶角、钻心直径等有关，而其中影响最大的是螺旋角。螺旋角越大，前角也越大。由于麻花钻的前角变化，螺旋角的大小随钻头直径而变化，所以主切削刃上各点的前角数值也是变化的，靠近外缘处变化最大，自外缘向中心逐渐减小，变化范围大约为－30°～30°。

（7）后角（α_o）。麻花钻后角是后刀面和切削平面之间的夹角。由于麻花钻的后角变化，麻花钻主切削刃上各点的后角数值也是变化的。靠近外缘处的后角变化最小，靠近中

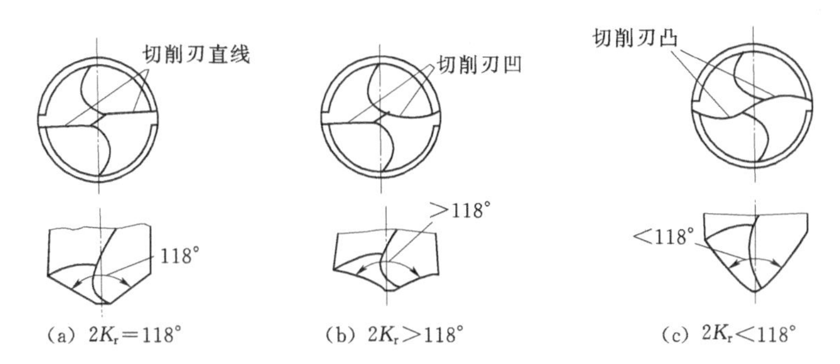

图 3-1-4　麻花钻顶角大小对主切削刃的影响

心处的后角最大，外缘处后角一般为 8°～10°。

(8) 横刃。麻花钻两主切削刃的连线，即两个主后刀面的交线称为横刃。横刃太短会影响麻花钻钻尖强度，横刃太长使轴向力增大，对钻削不利。

(9) 横刃斜角 (ϕ)。在垂直于钻头轴线的端面投影图中，横刃跟主切削刃之间的夹角称为横刃斜角。它的大小由后角的大小决定。后角大时，横刃斜角就减小，横刃变长，钻削时轴向力增大；后角小时，情况相反。横刃斜角一般为 55°。

(10) 棱边。麻花钻的导向部分在切削过程中能保持钻削方向，修光孔壁以及作为切削部分的后备部分。但在切削过程中，为了减少和孔壁之间的摩擦，以保证切削的顺利进行，在麻花钻上特地制出两条倒锥形的刃带（即棱边）。

2. 麻花钻刃磨

(1) 刃磨要求。

1) 两主切削刃应对称，并且等高、等长。

2) 横刃要直，横刃斜角应为 55°。

3) 顶角 $2K_r$ 应为 118°。

(2) 刃磨不正确对加工质量的影响见表 3-1-4。

表 3-1-4　　麻花钻的刃磨情况对加工质量的影响

刃磨情况	麻花钻刃磨正确	麻花钻刃磨不正确		
		顶角不对称（高低刃）	切削刃不等长（长短刃）	顶角不对称且切削刃不等长
图示	$a_p=\frac{d}{2}$　d　f	K_r 小　f　F　K_r 大	O　O'　O　O'　f	O　O'　O　O'　f
钻削情况	钻削时，两条主切削刃同时切削，两边受力平衡，钻头磨损均匀	钻削时，只有一条切削刃在切削，两边受力不平衡，钻头磨损加快	钻削时，麻花钻工作中心偏移，切削不均匀，钻头磨损加快	钻削时，两条切削刃受力不平衡，而且工作中心偏移，钻头很快磨损
对钻孔质量的影响	钻出的孔不会扩大、倾斜和产生台阶	钻出的孔会扩大和倾斜	钻出的孔径扩大	钻出的孔不仅扩大而且还会产生台阶

(3) 刃磨操作步骤。

1) 刃磨前检查砂轮表面是否平整、跳动，若需修整的及时修整后再磨，以保证刃磨质量。

2) 用右手握住钻头前端作为支点，左手紧握钻头柄部；放平钻头的主切削刃，磨削位置大致在砂轮水平中心面上，并使钻头轴线与砂轮圆周素线的角度为顶角的一半左右，同时钻头柄部略微向下倾斜（图 3-1-5）。

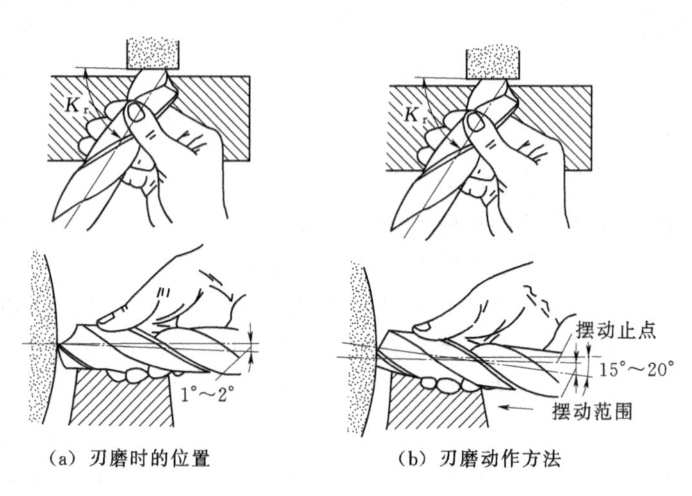

(a) 刃磨时的位置　　(b) 刃磨动作方法

图 3-1-5　麻花钻刃磨姿势

3) 刃磨时，以右手握持部位为支点，左手拿柄部缓慢上下摆动并略作转动，在刃磨主后刀面的同时磨出 1/2 顶角和后角。注意摆动和转动的幅度不能过大，以免磨出的后角为负值或将另一条刀刃磨坏。

4) 将钻头转过 180°，用同样的方法刃磨另一主后刀面，并且两个主后刀面应经常交替刃磨，就一边刃磨一边检查，直至达到要求为止。

5) 修磨横刃，减小横刃长度可降低钻孔时的轴向抗力，使钻削省力。修磨后的横刃长度应为原长的 1/5～1/3。

五、内孔车刀知识学习及刃磨

1. 内孔车刀的种类及几何角度

根据不同的加工情况，车孔刀可分为通孔车刀［图 3-1-6 (a)］和盲孔车刀［图 3-1-6 (b)］两种。

通孔车刀和盲孔车刀的主要区别就是主偏角的大小不同。通孔车刀主偏角一般取 60°～75°；盲孔车刀主偏角一般取 92°～95°。为了防止车孔刀后刀面和孔壁的摩擦，并使车孔刀的后角磨得不太大，一般磨成两个后角［图 3-1-6 (c)］。

2. 内孔车刀的刃磨

内孔车刀刃磨要求如图 3-1-7 所示。

内孔车刀的刃磨步骤如下：

(1) 粗磨主后刀面，初步确定主偏角和主后角。

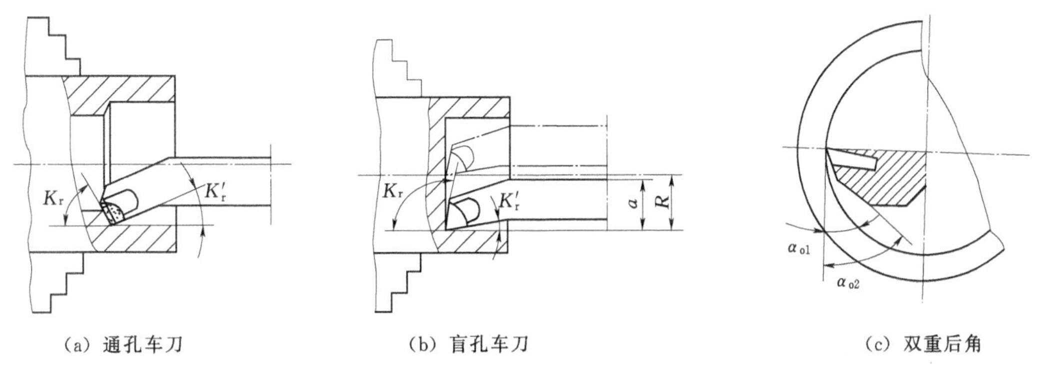

图 3-1-6　内孔车刀及其后角

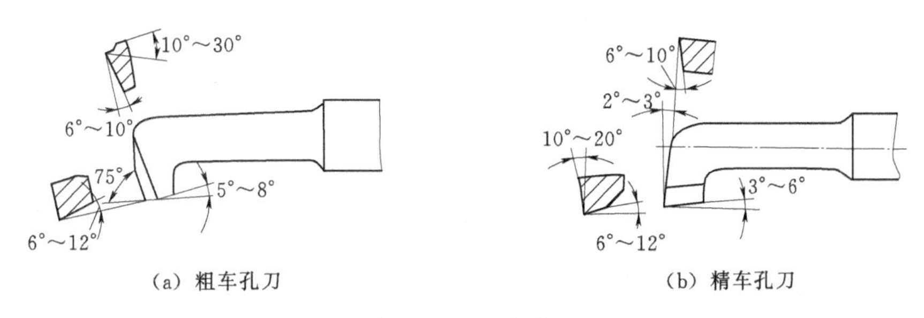

图 3-1-7　车孔刀

（2）粗磨副后刀面，初步确定副偏角和副后角。

（3）磨退屑槽，确定前角和刃倾角。

（4）精磨主、副后刀面。

（5）修磨刀尖圆弧。

六、钻孔方法与注意事项

1. 麻花钻的选择

内孔精度要求不高的，可用麻花钻一次钻出；但对于精度要求较高的内孔，就要在钻孔后再进行车孔或扩孔、铰孔等下步工序的加工。在择麻花钻直径时应考虑下道工序的加工余量。

麻花钻的长度选择应在满足工件钻孔长度的前提下优先选择长度短的麻花钻。

2. 麻花钻的装夹

（1）直柄麻花钻用钻夹头装夹，再将钻夹头安装在尾座锥孔中，如图 3-1-8（a）所示。

（2）锥柄麻花钻可直接或用莫氏过渡锥套安装在尾座锥孔中，如图 3-1-8（b）所示。

3. 钻孔方法

（1）钻孔前，先把工件端面车平，否则会影响正确定心。

（2）必须找正尾座，使钻头轴线跟工件回转轴线重合，以防孔径扩大和钻头折断。

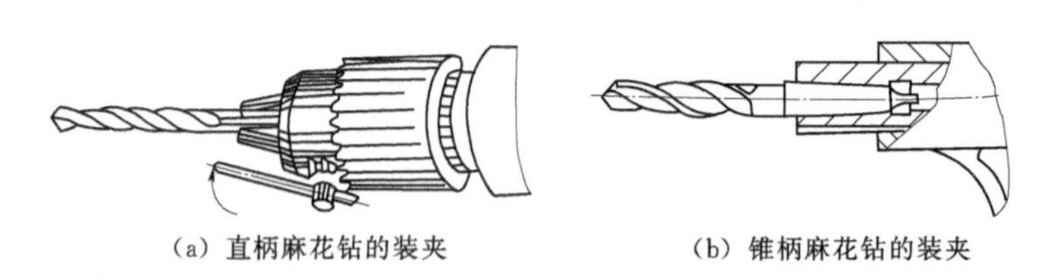

图 3-1-8 麻花钻的安装

(3) 用长钻头钻孔时，为防止钻头跳动，可以在刀架上夹一铜棒或挡铁，轻轻支撑钻头头部，使它对准工件的回转中心。然后缓慢进给，当钻头在工件上已正确定心，并正常钻削以后，把铜棒退出。图 3-1-9 所示为用挡铁支撑钻头防止钻头跳动的方法。

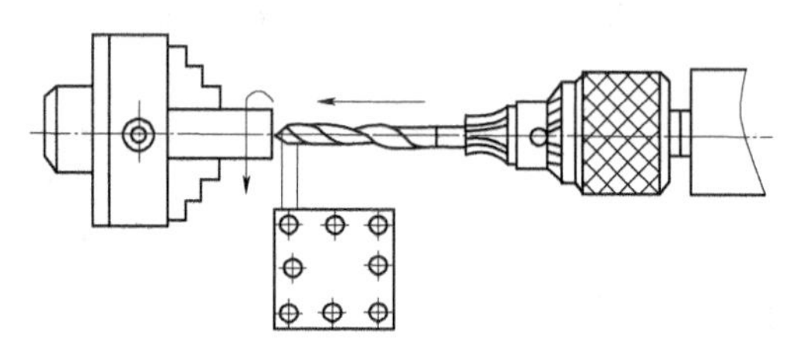

图 3-1-9 用挡铁支撑钻头

(4) 钻小孔，可先用中心钻定心，再用麻花钻钻孔，这样钻出的孔同轴度好，尺寸正确。

(5) 当钻了一段孔以后，应把钻头退出，停车测量孔径，检查是否符合要求。

(6) 钻深孔时，切屑不易排出，必须经常退出钻头排屑。如果是很长的通孔，可以采用调头钻孔的方法。

(7) 起钻时，可以先钻中心孔或选择高转速定位，当钻头已正确定心后要变换为中等切削速度钻削。

(8) 起钻时，进给量要选择慢，当钻头在工件端面已正确定心后可以加大进给量进行钻削。但当孔将钻穿时，钻削的进给量应由快变慢，以防钻头切削刃被“咬”在工件孔内而损坏钻头，或者使钻头的锥柄在尾座锥孔内打转，把锥柄和锥孔拉毛。

(9) 车床转速采用 100～400r/min 转之间，选择的原则是麻花钻直径大，转速取小值，反之取大值，并加注充分的切削液。

(10) 钻盲孔时，孔的深度可利用尾座刻度值或用直尺测量尾座套筒的伸出长度控制(图 3-1-10)。

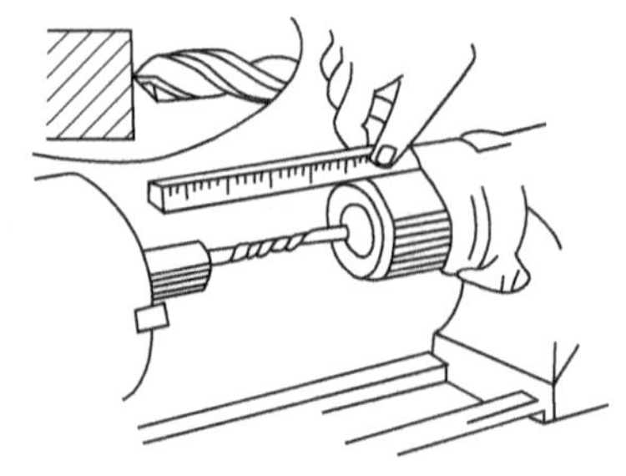

图 3-1-10 钻盲孔的深度控制

七、车内孔方法与注意事项

铸造孔、锻造孔或用钻头钻出的孔，为了达到要求的精度和表面粗糙度，还需要车孔。车孔是常用的孔加工方法之一，可以作粗加工，也可以作精加工，加工范围很广。车孔的精度一般可达到 IT7～IT8，表面粗糙度 $R_a3.2 \sim 1.6\mu m$，精车孔可以达到更细（$R_a < 0.8\mu m$）。

1. 车孔的技术问题

车孔的关键技术是解决车孔刀的刚度和排屑问题。

(1) 解决车孔刀的刚性。有以下两种方法：

1) 尽量增加刀柄的横截面积。一般的车孔刀有一个缺点，刀柄的截面积小于孔截面的1/4 [图3-1-11 (a)]。如果让车孔刀的刀尖位于刀柄的中心平面上，这样刀柄的截面积就可达到最大 [图3-1-11 (d)]。而图3-1-11 (b) 所示车刀副后角太小，副后刀面与孔壁接触；图3-1-11 (c) 所示则是副后角太大，车刀刀刃强度变差，刀具容易磨损。

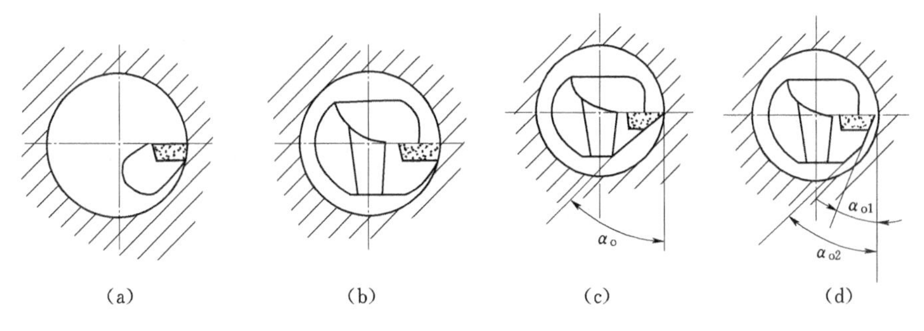

图3-1-11　车孔刀刀柄的横截面积与副后角对车削的影响

2) 尽可能缩短刀柄的伸出长度。如刀柄伸出太长，则就会降低刀柄刚度，容易引起振动。因此，刀柄伸出长度只要略大于孔深即可。

(2) 解决车孔时的排屑问题。排屑问题主要是控制切屑流出的方向，精车孔时，要求切屑流向待加工表面（即前排屑），前排屑主要是采用正值刃倾角的内孔车刀。车削盲孔时，切屑从孔口排出（后排屑），后排屑主要是采用负值刃倾角内孔车刀。

2. 车刀的安装

(1) 车刀刀尖必须与工件的旋转中心等高或车刀刀尖稍高0～1mm。否则在车削时容易产生扎刀现象。

(2) 刀柄伸出长度一般比孔深长5～10mm。

(3) 刀柄应与工件轴线基本平行，否则在车削到一定深度后刀柄后半部分容易碰到工件孔口。

(4) 车孔刀安装好后，在车孔前应先在孔内试走一遍，检查有无碰撞现象，以确保安全。

(5) 车削盲孔的车刀要确保车刀主偏角不小于90°，一般取93°。副偏角取6°～8°。

3. 车削的方法

(1) 车削的方法基本上与车外圆的方法相同，只是进刀与退刀的方向相反。

(2) 在粗车和精车时也需要进行试切削、测量。

(3) 车削台阶孔时，应先粗、精车小孔，再粗精车大孔的顺序进行加工。

(4) 车削台阶孔或盲孔时内孔深度的控制：在粗车时常采用在刀柄上刻线做记号 [图3-1-12 (a)]、装车刀时安放限位铜片 [图3-1-12 (b)] 或使用床鞍上的大手轮刻度盘刻度线控制；而精车时采用小滑板刻度盘的刻线控制和游标卡尺测量控制。

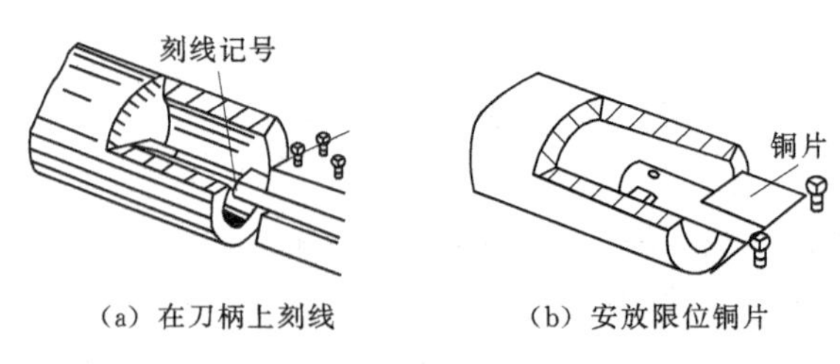

（a）在刀柄上刻线　　（b）安放限位铜片

图 3-1-12　内孔深度的控制

4. 切削用量的选择

本任务内孔的加工为新的学习内容，根据材料选择高速钢车孔刀，所以切削用量选择如下：

（1）切削速度转换为转速采用中、低速分别进行粗、精车加工。

（2）进给量粗、精车都选择 0.1mm/r。

（3）背吃刀量的选择，由于先钻孔再车孔，所以只确定精车的背吃刀量就可以了，与用高速钢车外圆一样取 0.05～0.08mm。

八、内孔检测方法

内孔的测量应根据工件孔径的大小、精度和工件数量，采用相应的量具进行。当孔的精度要求较低时，可采用钢直尺、游标卡尺测量；当孔的精度要求较高时，可采用塞规、内卡配合千分尺、内径千分尺、内测千分尺和内径百分表。内卡配合千分尺的测量方法在以前的任务中学习过，在此不再赘术。

1. 塞规

塞规［图 3-1-13（a）］由止端、过端和柄组成。过端的基本尺寸等于孔径的最小极限尺寸，止端的基本尺寸等于孔径的最大极限尺寸。为使两种尺寸有所区别，止端长度比过端短。当过端能进入孔内，而止端不能进入孔内，说明工件的孔径合格。其他情况都是孔径不合格，如图 3-1-13（b）所示。对于测量不通孔用的塞规，为了排除孔内的空气，在塞规的外圆上沿轴向开有排气槽。

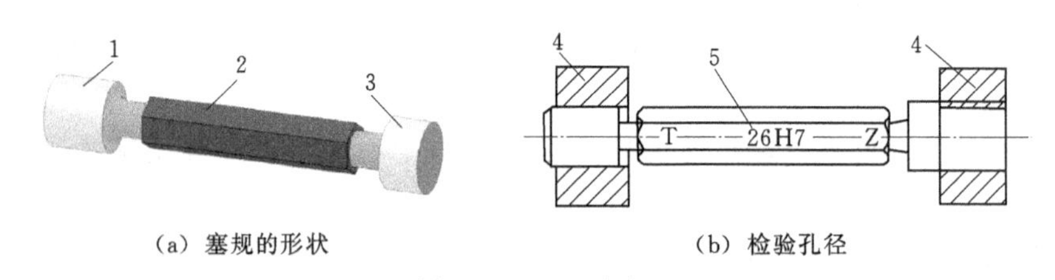

（a）塞规的形状　　（b）检验孔径

图 3-1-13　塞规

1—过端；2—手柄；3—止端；4—工件；5—塞规规格

2. 内径千分尺

使用内径千分尺测量孔径时，内径千分尺应在孔内摆动。轴向摆动以最小尺寸为准，圆周摆动以最大孔径尺寸为准。这两个重合的尺寸就是孔的实际尺寸（图 3-1-14）。

3. 内测千分尺

内测千分尺是内径千分尺的一种特殊形式，其刻线方向与外径千分尺相反。其测量范

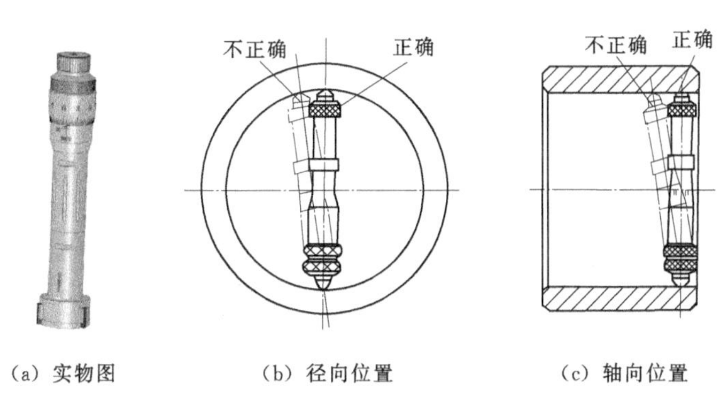

(a) 实物图　(b) 径向位置　(c) 轴向位置

图 3-1-14　内径千分尺及使用方法

围为 5～30mm 和 25～50mm。其分度值为 0.01mm，如图 3-1-15 所示。

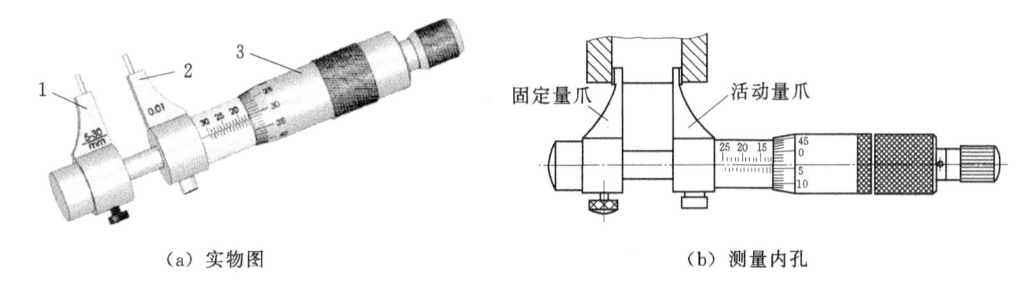

(a) 实物图　(b) 测量内孔

图 3-1-15　内测千分尺及使用

1—固定量爪；2—活动量爪；3—微分筒

4. 内径百分表

(1) 内径百分表的种类。常用的百分表有钟面式和杠杆式两种，如图 3-1-16 所示。

1) 钟面式内径百分表。表面上大分度盘的 1 小格分度值为 0.01mm，测量范围可分为 0～3mm、0～5mm、0～10mm 三种。钟面式内径百分表的结构如图 3-1-16 (a) 所示，当大指针沿大分度盘转过一周时，小指针转一格 1 小格，测量头移动 1mm，因此小分度盘的 1 小格分度值为 1mm。

2) 杠杆式内径百分表。如图 3-1-16 (b) 所示，表面上 1 小格的分度值为 0.01mm，由于体积较小测量范围为 0～0.8mm。对于较小的小孔测量显得十分灵活方便。

(2) 内径百分表的使用。内径百分表是利用对比法测量内孔常用的一种仪器，测量精度为 0.01mm。图 3-1-17 所示为内径百分表的结构。

内径百分表的测量范围有 6～10mm、10～18mm、18～35mm、35～50mm、50～100mm、100～160mm、160～250mm、250～450mm、50～160mm、100～250mm。其安装校准步骤如下：

1) 在测量杆上安装百分表时，当大指针转过 1 周时拧紧紧固螺钉使百分表固定不动。

2) 根据孔径尺寸选择合适的固定测头杆安装到安装固定测头的螺纹孔内，用游标卡尺测量检查并调整固定测头与活动测量头间的距离，调整距离应比被测内孔的基本尺寸大 0.5mm 并用螺母拧紧。

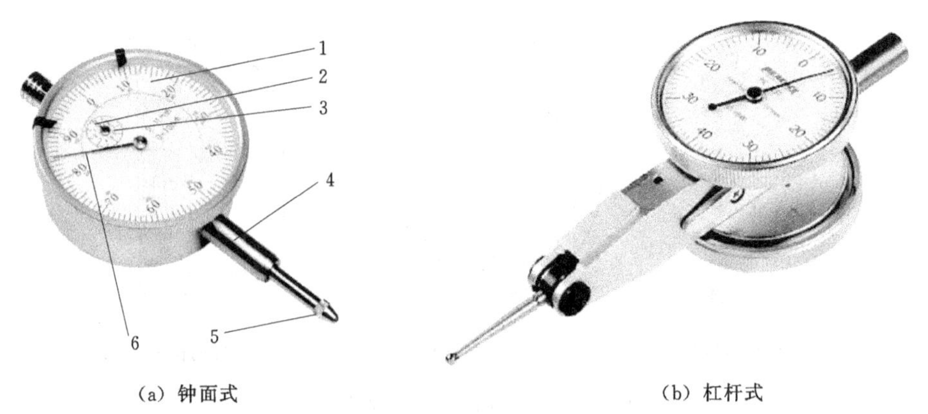

(a) 钟面式　　(b) 杠杆式

图 3-1-16　内径百分表

1—大分度盘；2—小指针；3—小分度盘；4—测量杆；5—测量头；6—大指针

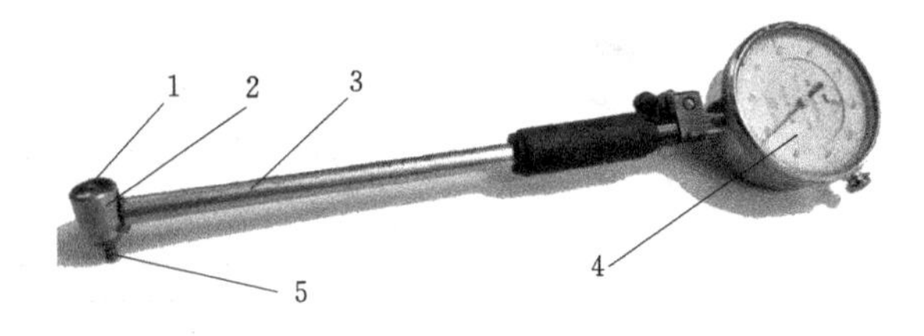

图 3-1-17　内径百分表

1—活动测量头；2—定心器；3—测杆；4—百分表；5—固定测头

3）检查各螺丝是否拧紧，用千分尺将内径百分表校对零位［图 3-1-18（a）］。千分尺应调整到被测内孔的最小极限尺寸。

4）测量内孔时，应把活动测量头先放入孔内后压下活动测量头，再把固定测头摆入孔内松手。

5）测量时，径向摆动内径百分表，如图 3-1-18（b）所示，所得的最小尺寸是孔的实际尺寸。

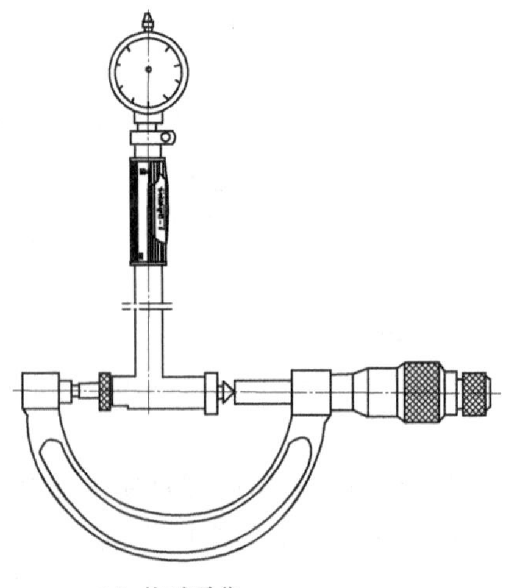

(a) 校对零位

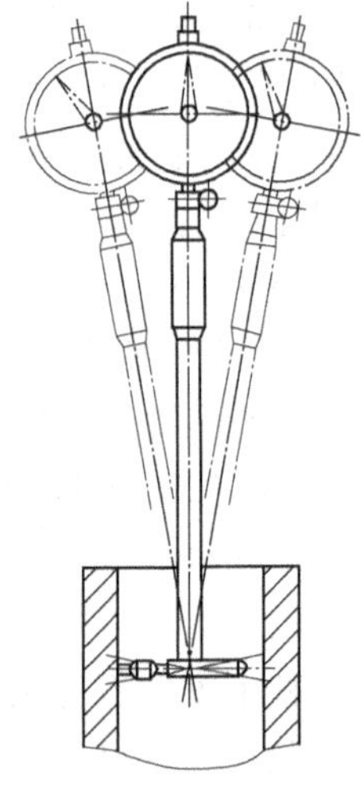

(b) 内径百分表在孔内的测量方法

图 3-1-18　内径百分表使用

九、工件的车削加工工艺及安全注意事项

1. 车削加工工艺

(1) 装夹材料，伸出 50mm 长找正夹紧。

(2) 安装外圆车刀，车平端面，粗车外圆至 $\phi37$mm×1.5mm，$\phi47$mm×11mm。

(3) 钻孔至 $\phi23$mm×13mm。粗车、精车内孔至尺寸要求：$\phi25.5^{+0.03}_{0}$mm×13mm。

(4) 精车小外圆至 $\phi35$mm×2mm；大外圆至 $\phi45$mm×11mm。内、外圆倒角 $C0.5$，检查各尺寸是否合要求。

(5) 粗取总长 11.5mm 切断。

(6) 调头，夹 $\phi45$mm 外圆，校正夹紧。车端面取总长 $11_{-0.18}^{0}$mm 倒角 $C0.5$。

(7) 检查各尺寸是否合要求。

(8) 完成加工

2. 安全注意事项

(1) 车孔时注意中滑板进、退刀方向与车外圆相反。

(2) 内卡钳测量时，两脚连线应与孔径轴心线垂直，在自然状态下摆动，否则会出现测量误差。

(3) 用塞规测量孔径时，应保持孔壁清洁，否则会影响塞规测量。

(4) 当孔径温度较高时，不能用塞规立即测量，以防工件冷缩把塞规“咬住”卡在孔内。

(5) 用塞规检查孔径时，塞规不能倾斜，以防造成孔小的错觉，把孔径车大。相反，在孔径小的时候，不能用塞规硬塞，更不能用力敲击。

(6) 在孔内取出塞规时，应注意安全，防止与内孔刀碰撞。

(7) 精车内孔时，应保持刀刃锋利，否则容易产生让刀（因刀杆刚性差），把孔车成锥形。

(8) 用内径百分表测量时，必须校正零位。

(9) 钻、车孔和切断时必须加注充分切削液。粗、精车内孔和外圆必须进行试切削、试测量。

【任务实施】

本任务实施步骤见表 3-1-5。

表 3-1-5　任务实验步骤

步骤	实施内容	完成者	说明
1	审图、确定加工工艺	教师、全体学生	教师引导学生进行审图、确定加工工艺
2	准备工、量、刃具、材料	学生	教师指导学生做好准备工作
3	车端面、粗车外圆	学生	学生先根据工程图的图样要求，粗车好端面、外圆
4	安装钻头，钻孔及粗、精车内孔	教师、学生	教师讲解钻头的安装要求，教师组织每小组观看钻头安装，钻孔及粗、精车内孔车削演示，然后指导学生按要求车好内孔

续表

步　骤	实　施　内　容	完　成　者	说　　明
5	精车外圆	学生	学生根据工程图的图样要求，精车好外圆
6	切断	学生	学生根据工程图的图样要求，取长度切断
7	调头装夹找正端面，车端面取总长	学生	学生根据工程图的图样要求，取总长
8	综合车削加工完成	全体学生	学生根据工程图的图样要求，自己独立完成

【任务评价】

根据学生完成本任务的情况对他们的实习进行评价，评价表见表3-1-6。

表3-1-6　　挡圈质量检测评价表

序　号	考核项目	考核内容及要求	配　分	评　分　标　准	检验结果	得　分
1	外圆	$\phi 45$	20	每超差0.01扣1分		
2		$\phi 35$	10	每超差0.01扣1分		
3	内孔	$\phi 25^{+0.03}_{0}$	10	按IT14超差扣分		
4	长度	$11^{0}_{-0.18}$	10	按IT14超差扣分		
5		2	6	按IT14超差扣分		
6	倒角	$C0.5$，5处	10			
7	粗糙度	$R_a0.8\mu m$，2处	8	m超差不得分		
		$R_a3.2\mu m$，3处	6	降一级扣2分		
8	工具、设备的使用与维护	正确、规范使用工、量、刃具，合理保养及维护工、量、刃具	10	不符合要求酌情扣1～8分		
		正确、规范使用设备，合理保护及维护设备		不符合要求酌情扣1～8分		
		操作姿势、动作正确		不符合要求酌情扣1～8分		
9	安全与其他	安全文明生产，按国家颁布的有关法规或企业自定的有关规定	10	一项不符合要求扣2分，发生较大事故者取消考试资格		
		操作、工艺规范正确		一处不符合要求扣2分		
		工件各表面无缺陷		不符合要求酌情扣1～8分		
总分：						

【扩展视野】

应用一：加工齿轮坯（图3-1-19）。

讨论：

1. 装夹加工方法

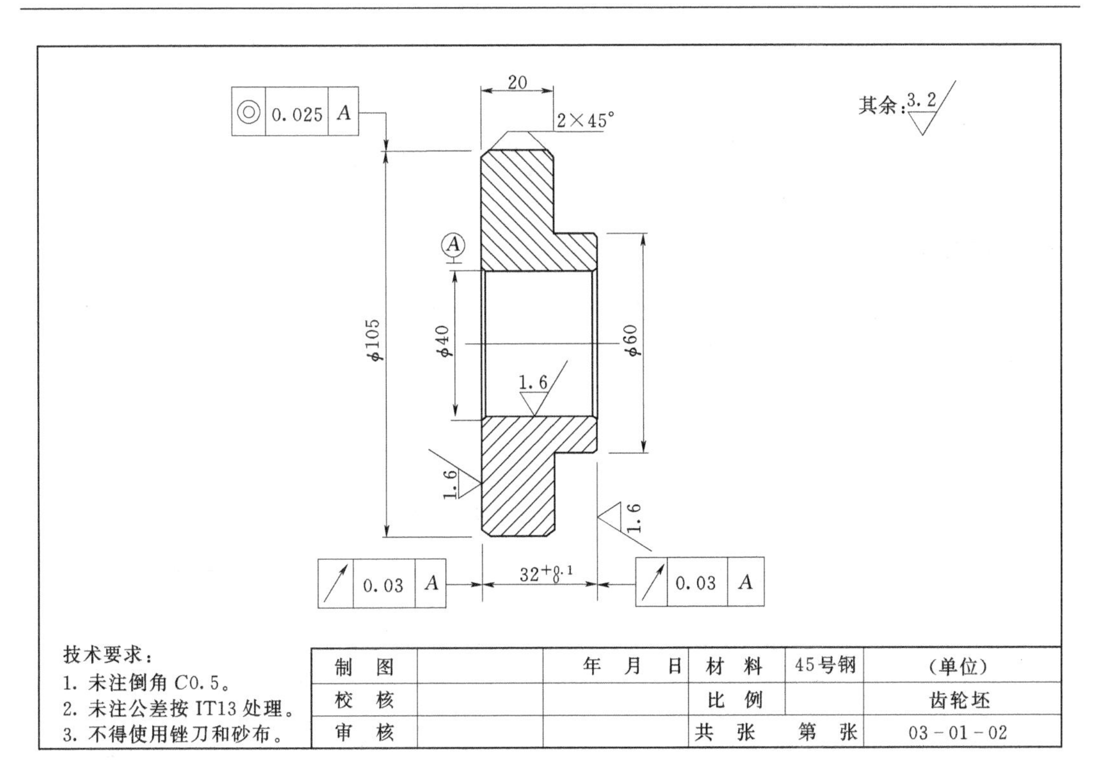

图3-1-19　齿轮坯图样

2. 操作设备、工具准备(表3-1-7)

表3-1-7　　操作设备、工具

序号	设备、工具名称	单位	数量	用途
1				
2				
3				
4				
5				
6				
7				
8				
9				
10				

3. 车削加工工艺步骤

任务二 车 削 隔 套

【任务描述】

某五金工艺制品有限公司订制一批隔套，数量120件，材料、加工要求见生产任务书。

【生产任务书】

零件施工单见表3-2-1，隔套图样如图3-2-1所示。

表3-2-1 零件施工单

投放日期：________ 班组：________ 要求完成任务时间：____天

材料尺寸及数量：ϕ40mm×200mm，120件

图号	零件名称		计划数量		完成数量
03-02-01	隔套		120件		
加工成员姓名	工序	合格数	工废数	料废数	完成时间
班组质检				抽检	
总质检					

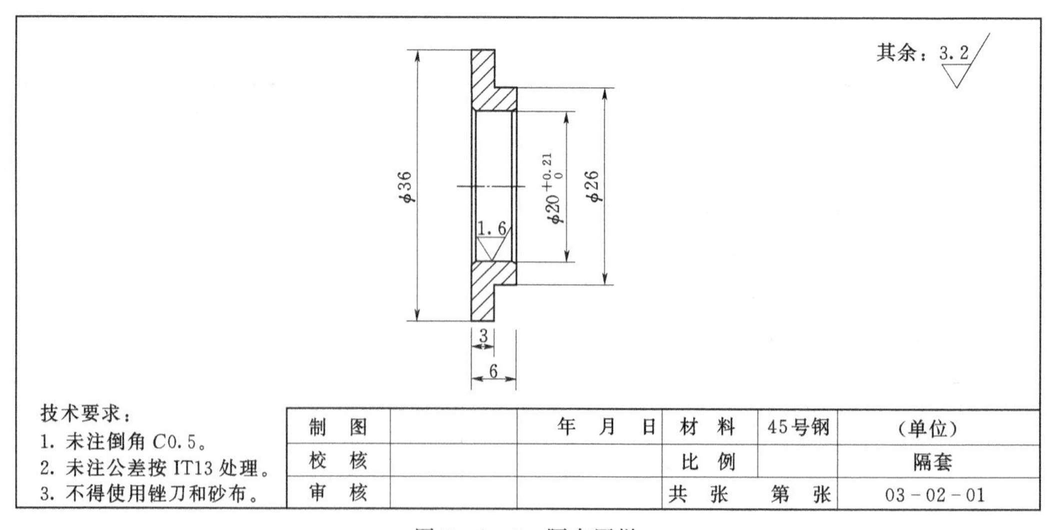

图3-2-1 隔套图样

【任务分析】

本任务是使毛坯料为 ϕ40mm×200mm 的钢料，在以往车削外圆、车削内孔的课题基础上车削隔套（图 3-2-1），其中包括钻孔、车孔、铰孔、车外圆的知识、操作设备及工具准备、刀具的选用、切削用量的选择等，准备工作见表 3-2-2。

表 3-2-2　　为完成隔套必须进行的准备内容

序　号	内　容
1	分析生产图纸，确定加工方案
2	扩孔和铰孔的学习
3	操作设备及工具准备
4	切削用量的选择
5	工件车削加工工艺及安全注意事项
6	保证套类工件形位公差的方法
7	套类零件的车削工艺分析及车削质量分析

【实施目标】

通过隔套产品加工，了解企业生产的管理流程；锻炼学生表达与沟通能力；正确选择和运用刀具，合理安排加工工艺；强化以前学过的知识技能；并能合理安排工作岗位、安全操作机床加工产品。

(1) 质量目标：能按隔套车削要求制订加工步骤，并能按照普通车床操作的安全规程、车间安全防护规定，操作车床加工出产品。

(2) 安全目标：严格按照普通车床车间安全操作规程进行任务作业。

(3) 文明目标：自觉按照普通车床车间文明生产规则进行任务作业。

【实施建议】

(1) 将学生按人数平均分组，明确任务组长。

(2) 分别以车间主任、班组长、一线员工等角色领取任务，责任到人。

(3) 适时组织小组讨论分工、信息学习、加工工步、评价学习等教学活动。

【任务信息学习】

一、分析生产图纸，确定加工方案

由零件图（图 3-2-1）分析可知，两级外圆尺寸没有特别要求，均为自由公差，内孔有尺寸精度要求；零件总长度只有 6mm，调头装夹车端面加工难度较大。所以本任务零件的加工难点在于内孔的车削和切断后的调头校正装夹这两方面的加工。孔的加工采用先钻孔后半精车内孔，再用铰刀铰孔的加工方案。调头校正装夹时要注意夹紧力不能过大，车端面的余量不能过多。所以在切断时不能留过多的余量，一般留 0.5mm 就足够了。本任务主要是加强学生对钻孔、车孔、切断及调头校正等课题内容的理解和掌握，并学习内孔加工的另一种方法。

二、扩孔和铰孔的学习

1. 扩孔

用扩孔工具扩大工件孔径的加工方法称为扩孔。在车床上常用的扩孔工具有麻花钻和扩孔钻。一般精度要求的工件可用麻花钻扩孔。对于精度要求较高的孔，其半精加工可用扩孔钻扩孔。

（1）用麻花钻扩孔。在实体材料上钻孔时，孔径较小的孔可一次钻出。如果孔径较大（$D>30$mm），则所用麻花钻直径也较大，横刃长，进给力大，钻孔时很费力，这时可分两次钻削。

（2）用扩孔钻扩孔，扩孔钻如图 3-2-2 所示。

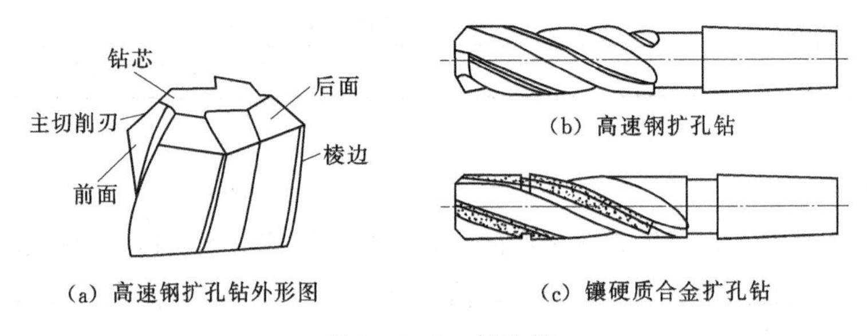

图 3-2-2　扩孔钻

扩孔钻的主要特点如下：

1）扩孔钻的钻心粗、刚度高，且扩孔时背吃刀量小，切屑少，排屑容易，可提高切削速度和进给量。

2）扩孔钻的刃齿一般有 3～4 齿，周边的棱边数量增多，导向性比麻花钻好，可改善加工质量。

3）扩孔时可避免横刃引起的不良影响，提高了生产率。

2. 铰孔

（1）铰刀。铰孔是用铰刀从工件孔壁上切除微量金属层，以提高尺寸精度和减小表面粗糙度值的方法。铰孔是应用较普遍的孔的精加工方法之一，其尺寸精度可达 IT9～IT7，表面粗糙度 R_a 值可达到 1.6～0.4μm。铰孔用的铰刀如图 3-2-3 所示。

铰削的精度主要取决于铰刀的尺寸。铰刀的基本尺寸与孔基本尺寸相同。铰刀的公差一般为孔公差的 1/3，如被铰孔尺寸要求为 $\phi 20^{+0.021}_{0}$ mm 时，铰刀的尺寸应选择 $\phi 20^{+0.014}_{+0.007}$ mm。而且选用的铰刀刃口锋利，无毛刺和崩刃。

（2）铰刀安装。铰刀采用浮动刀杆装夹。例如，装夹直柄铰刀可用简易浮动套筒，如图 3-2-4 所示。它是利用衬套 2 跟套筒体 1 之间的间隙产生一些浮动而产生自定心作用。这种结构要求衬套 2 与套筒体 1 接触的端面与轴线保持严格垂直。

提示：如果采用尾座套筒锥孔直接安装，必须严格调整尾座套筒与主轴轴线重合，同

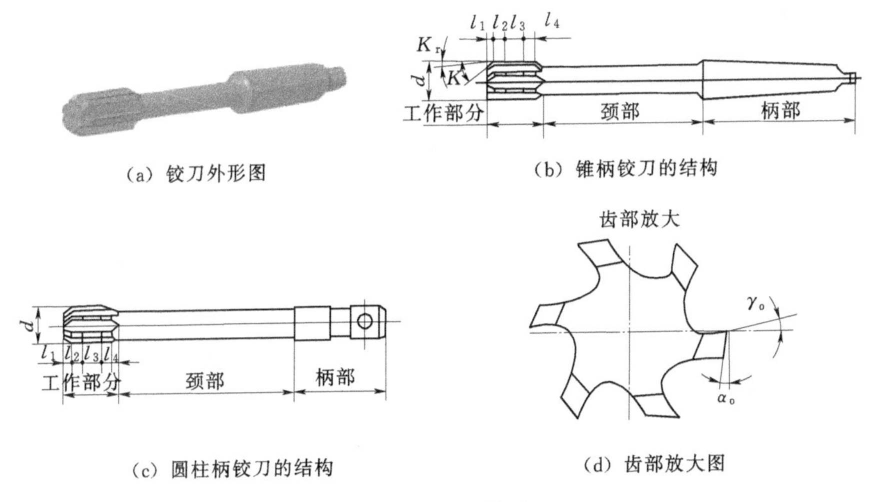

(a) 铰刀外形图　(b) 锥柄铰刀的结构

(c) 圆柱柄铰刀的结构　(d) 齿部放大图

图 3-2-3　铰刀

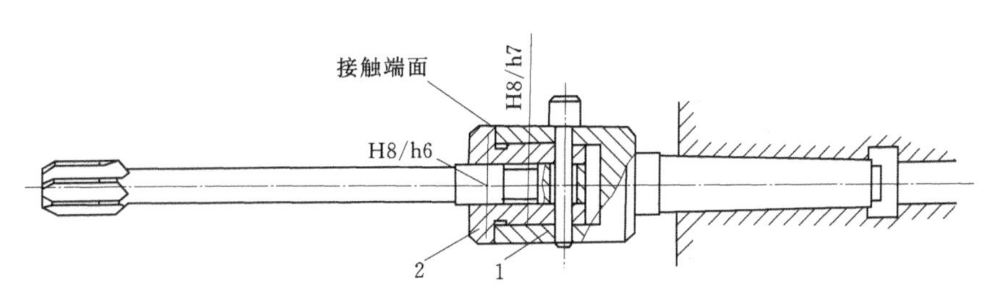

图 3-2-4　浮动套筒安装铰刀

1—套筒体；2—衬套

轴度误差应小于 0.02mm。

(3) 铰孔前的内孔尺寸。铰孔之前一般先车孔或扩孔，并留出铰孔余量，余量的大小直接影响铰孔质量。余量太小，往往不能把前道工序所留下的加工痕迹铰去。余量太大，切屑挤满在铰刀的齿槽中，使切削液不能进入切削区，严重影响表面粗糙度，或使切削刃负荷过大而迅速磨损，甚至崩刃。

铰削余量：高速钢铰刀为 0.08～0.12mm，硬质合金铰刀为 0.15～0.20mm。本任务在铰孔前先用 ϕ18 钻头钻孔，再粗车，半精车内孔，留 0.1～0.2mm 余量，最后才用 ϕ20mm 铰刀铰孔。

(4) 铰孔时切削速度、进给量的选择。

1) 铰孔的切削速度。铰削时，切削速度越低，表面粗糙度值越小。铰削钢料时，其切削速度 $v_c \leqslant 5m/min$；铰削铸铁时可高些，$v_c \leqslant 8m/min$。

2) 铰孔的进给量。铰孔的进给量可取得大一些，那是由于切削余量少，而且铰刀上有修光定位部分。对于钢料选用 0.2～1mm/r，铰铸铁时，进给量还可大些。

3) 切削速度太高，铰削余量、进给量太大都影响表面粗糙度，也影响孔的精度，甚至使铰刀崩刃。

三、操作设备、工具准备

本任务需要准备的操作设备、工具见表3-2-3。

表3-2-3　　操作设备、工具

序号	设备、工具名称	单位	数量	用途
1	C6132A车床	台	24	主要加工设备
2	硬质合金外圆车刀	把	24	车外圆
3	高速钢车孔粗车刀	把	24	粗车内孔
4	ϕ20mm铰刀	把	10	精铰内孔
5	浮动套筒	套	10	安装铰刀
6	垫片	块	数块	用以垫车刀
7	千分尺0～25mm	把	48	测量外径
8	千分尺25～50mm	把	24	测量外径
9	游标卡尺	个	24	测量外径、长度
10	切槽刀	把	24	切断
11	工程图	张	24	主要图样
12	ϕ18mm钻头	支	24	用于钻孔
13	ϕ40mm×200mm的钢料	件	49	用于完成任务

四、切削用量的选择

（1）用硬质合金车刀粗车外圆时，选择中等切削速度，进给量选择0.2～0.3mm/r，背吃刀量1～3mm；精车时选择高速加工，进给量选择0.1mm/r，背吃刀量0.2～0.4mm。

（2）钻孔时选择中等切削速度，进给量在起钻时应慢些，到钻到有直孔时可加大进给量。

（3）半精车内孔采用高速钢车刀：切削速度应选择中速，进给量选择0.1mm/r，背吃刀量选择应以留铰孔余量而定。铰孔留0.1～0.2mm余量，铰销速度取最低速。

（4）切断时选择中等切削速度并加注充分切削液，手动进给切削时应视排屑情况而定。

五、工件的车削加工工艺及安全注意事项

1. 车削加工工艺

（1）材料伸出50mm，校正、夹紧。车端面，粗车一级外圆到ϕ38mm×10mm，再粗车小外圆到ϕ28mm×3mm。

（2）用ϕ18mm钻头钻孔深为15mm。精车、半精车内孔到$\phi 20^{-0.1}_{-0.2}$mm×10mm，用ϕ20mm铰刀精铰内孔至尺寸要求。内孔倒角C0.5。

（3）用硬质合金车刀先精车端面和小外圆到 ϕ26mm×3mm，再精车大外圆到 ϕ36mm×5mm，外圆倒角 C0.5，检查各尺寸。

（4）取大外圆长度 3.5mm，切断。

（5）用铜片垫大外圆装夹，校正端面、轻轻夹紧。精车端面，取总长 6mm。外圆内孔倒角 C0.5，检查尺寸。

（6）加工完成。

2. 安全注意事项

（1）粗、精车外圆及精车内孔时必须试切削、试测量。

（2）钻孔及铰孔时，由于是高速钢刀具材料，所以应加注充分的切削液。

（3）调头装夹大外圆时要小心，夹紧力不能过大，否则会把外圆夹伤，造成废品。

（4）两级外圆虽然为自由公差要求，但亦有一定的尺寸要求，所以尺寸也应加工到 −0.1～−0.15mm。

（5）铰孔时，先用其他材料试铰孔，检查孔径是否符合要求，确定铰刀尺寸后再正式铰孔加工。

六、保证套类工件形位公差的方法

机械零件有轴类零件、盘类零件、套类零件和箱体类零件。套类零件是精度要求较高的零件之一。套类零件的加工表面一般为外圆、内孔和端面。

1. 尽可能在一次装夹中完成车削

在一次装夹中完成车削套类零件的加工方法不会因装夹问题而产生定位误差，如果车床精度比较高，还可获得较高的形位公差精度。但采用这种方法车削套类零件需经常转换车刀。车削如图 3-2-5 所示的零件，要使用 90°车刀、45°车刀、麻花钻、铰刀和切断刀等刀具来加工。还要根据各种刀具不断对车床进行调整。

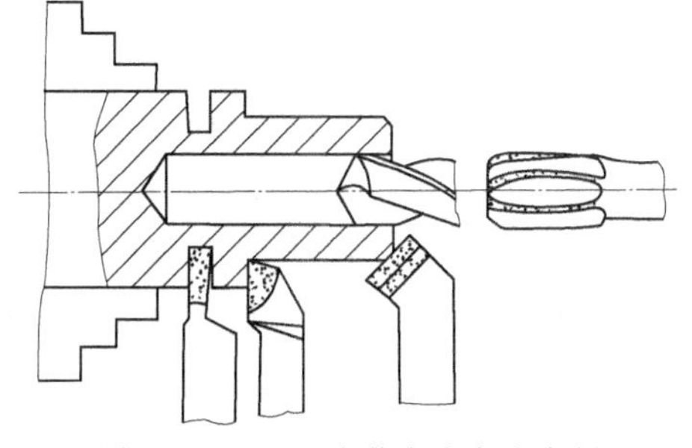

图 3-2-5　一次装夹中完成车削

2. 以外圆为基准装夹面保证零件的位置精度

一般在车削外圆直径较大而内孔直径较小、长度较短的工件时，多以外圆为基准装夹面来保证零件的位置精度。以外圆为基准装夹面时，外圆都已经是精加工过的，为保证外圆在装夹后的精度，一般应用软卡爪装夹工件。软卡爪是未经淬火的 45 号钢制成的，制造时把原来的硬卡爪前半部分拆下［图 3-2-6（a）］，换上软卡爪 2，用两只螺钉 3 紧固在卡爪的后半部分 1 上，然后把卡爪车成所需要装夹工件的形状，就可装夹工件 4。如果卡爪是整体式的，用旧卡爪的前端焊上一块钢料也可制成软卡爪［图 3-2-6（b）］。当不同直径的零件使用软卡爪时，都应根据零件的外圆进行调整并重新车制卡爪，以提高装夹的可靠性。

软卡爪的最大特点是装夹零件前在本车床上车削而成的，因此可确保装夹精度，即使工件几次装夹仍能保持一定的相互位置精度，可以减少大量的装夹校正时间。其次，当装夹已加工表面或软金属零件时，不易夹坏零件表面。也可根据工件的形状相应地车制软卡

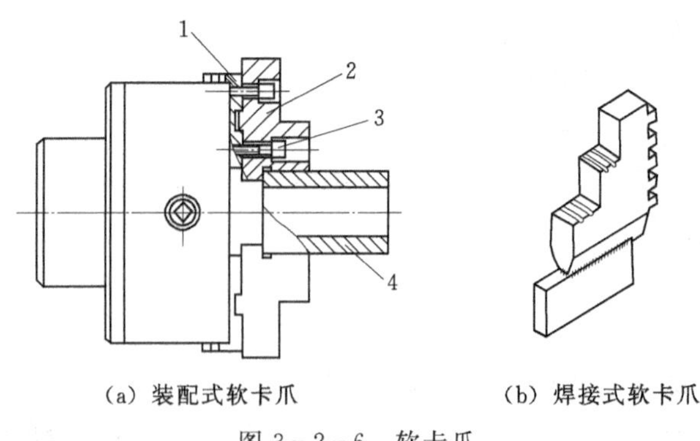

(a) 装配式软卡爪　　(b) 焊接式软卡爪

图 3-2-6 软卡爪

1—卡爪的后半部分；2—软卡爪；3—螺钉；4—工件

爪，以装夹工件。所以软卡爪在工厂中已得到越来越广泛的使用。

3. 以内孔为基准装夹面保证零件的位置精度

车削加工中小型的齿轮、轴套和带轮等零件时，一般采用已加工好的内孔为定位基准，装夹在心轴上来保证工件的同轴度和垂直度要求。常用的心轴有以下几种：

(1) 实体心轴。实体心轴有不带台阶和带台阶两种。

1) 不带台阶的实体心轴又称小锥度心轴，如图 3-2-7 (a) 所示，其锥度 $C=1:5000\sim1:1000$，这种心轴的特点是制造简单，定心精度高，但加工时轴向无法定位，承受切削力小，装卸不太方便，适用于精加工。

2) 带台阶的心轴如图 3-2-7 (b) 所示，它的圆柱配合面与零件内孔之间保持较小的间隙配合，工件靠螺母来压紧，常用来一次装夹多个零件。如果装上快换垫圈，装卸工件就更方便，但定位精度较低，不能保证较高的同轴度要求。

(2) 胀力心轴。胀力心轴主要是依靠材料弹性变形产生的胀力来胀紧工件，由于其装卸方便，定心精度高，在工厂实际应用中得到广泛应用。如图 3-2-7 (c) 所示为装夹在车床主轴上的胀刀心轴，使用时先把工件套在胀力心轴上，拧紧锥堵的方榫，使胀力心轴胀紧工件。

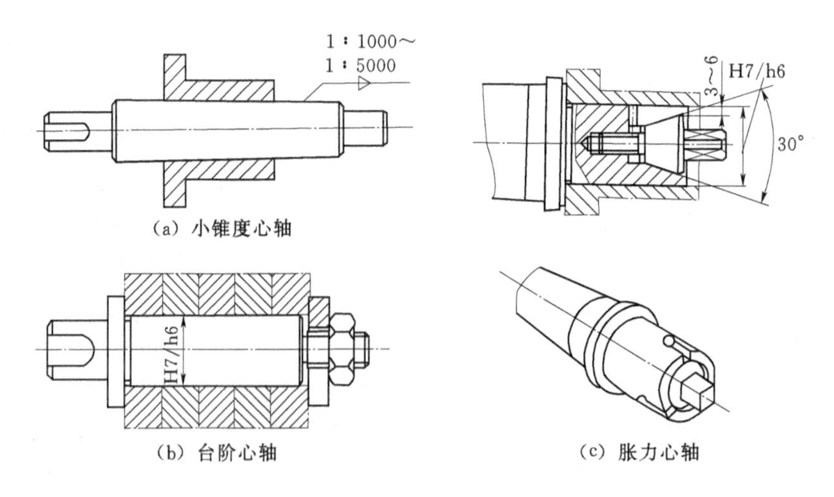

(a) 小锥度心轴

(b) 台阶心轴　　(c) 胀力心轴

图 3-2-7 心轴

七、套类零件的车削工艺分析及车削质量分析

套类零件一般是由外圆、内孔、台阶、和沟槽等结构组成。其主要特点是内外圆和相关端面之间的形位公差精度要求较高。

1. 套类零件的车削工艺分析

形位公差精度要求在制订车削加工工艺时必须要考虑。虽然加工工艺方案各异，但也有一定的共性。

(1) 车简单的套类零件最好在一次的装夹中加工完成外圆、内孔、切槽。

(2) 有内沟槽的套类零件应把内沟槽安排在精车之前加工，加工时还应考虑精车余量对槽尺寸的影响。

(3) 对尺寸精度和形位精度要求较高的零件，在一次装夹中不能完成要求时，优先考虑以内孔为装夹基准精车外圆、端面、切槽。

(4) 应严格按照先粗车再精车的原则进行车削加工工艺制订。

2. 套类零件的车削质量分析

车削套类零件时产生废品的原因及预防方法见表 3-2-4。

表 3-2-4　　车削套类零件时产生废品的原因及预防方法

废品种类	产生废品的原因	预　防　方　法
内孔尺寸变大	(1) 车孔时测量不准确	(1) 认真仔细测量并进行试车削
	(2) 铰孔时，切削速度过高，切削液冷却不到位，铰刀尺寸不合要求，尾座偏移	(2) 选择低的切削速度，加注充分切削液，选择恰当的铰刀，校正尾座
	(3) 车孔刀柄跟孔壁相碰或车刀安装低于工件旋转中心，车刀副后刀面与孔壁接触	(3) 选择合适的刀柄直径，在开车前，先把车孔刀在孔内走一遍，检查是否有相碰
内孔的圆柱度超差	(1) 内孔刀的刚性不足，刃口不锋利，造成让刀现象，使孔径外大内小	(1) 增加刀杆刚度，修磨车刀
	(2) 主轴旋转中心与床身导轨不平行	(2) 调整车床床头箱位置，使主轴旋转中心与床身导轨平行
内孔的表面粗糙度大	(1) 其主要原因是车刀磨损和刀杆刚性差，产生振动	(1) 保持内孔车刀的锋利和提高车刀的刚度
	(2) 铰孔时余量不均匀和余量过小或余量过大	(2) 正确选择铰孔余量
同轴度和垂直度超差	(1) 用一次装夹的方法车削时，工件移位或机床精度不高	(1) 夹紧工件，选择正确的切削用量或采用先粗车再精车的方法，调整车床精度
	(2) 用软卡爪装夹时，软卡爪没有车好	(2) 软卡爪应在本车床上车好，直径应与工件装夹外圆尺寸基本相同
	(3) 用心轴装夹时，心轴中心孔变形，或心轴本身同轴度超差	(3) 必要时更换心轴

【任务实施】

本任务实施步骤见表 3-2-5。

表 3-2-5　　任务实施步骤

步骤	实施内容	完成者	说明
1	审图、确定加工工艺	教师、全体学生	教师引导学生进行审图、确定加工工艺
2	工件装夹	学生	教师指导学生把工件装夹牢固
3	车端面、粗车外圆、钻孔	学生	学生先根据工程图的图样要求，车好外圆，钻孔
4	半精车内孔	学生	半精车内孔
5	精铰内孔	教师、学生	教师演示铰孔的方法及注意问题，并指导学生完成铰孔作业
6	精车端面、外圆	学生	学生根据工程图的图样要求车好端面、外圆
7	切断	学生	取长度，留 0.5mm 余量切断
8	调头装夹工件	全体学生	教师演示并指导学生装夹工件，主要指导学生如何校正及夹紧力的大小
9	综合车削加工完成	全体学生	学生自己独立完成

【任务评价】

根据学生完成本任务的情况对他们的实习进行评价，评价表见表 3-2-6。

表 3-2-6　　隔套质量检测评价表

序号	考核项目	考核内容及要求	配分	评分标准	检验结果	得分
1	外圆	$\phi 36$	10	每超差 0.01 扣 1 分		
2		$\phi 26$	10	每超差 0.01 扣 1 分		
3	内孔	$\phi 20^{+0.21}_{+0.08}$	18	按 IT14 超差扣分		
4	长度	3	7	按 IT14 超差扣分		
5		3	7	按 IT14 超差扣分		
6	倒角	C0.5，5 处	10	m 超差不得分		
7	粗糙度	R_a3.2μm，3 处	18	降一级扣 2 分		
8	工具、设备的使用与维护	正确、规范使用工、量、刃具，合理保养及维护工、量、刃具	10	不符合要求酌情扣 1～8 分		
		正确、规范使用设备，合理保护及维护设备		不符合要求酌情扣 1～8 分		
		操作姿势、动作正确		不符合要求酌情扣 1～8 分		
9	安全与其他	安全文明生产，按国家颁布的有关法规或企业自定的有关规定	10	一项不符合要求扣 2 分，发生较大事故者取消考试资格		
		操作、工艺规范正确		一处不符合要求扣 2 分		
		工件各表面无缺陷		不符合要求酌情扣 1～8 分		
总分：						

【扩展视野】

应用一：车削连接套（图 3-2-8）。

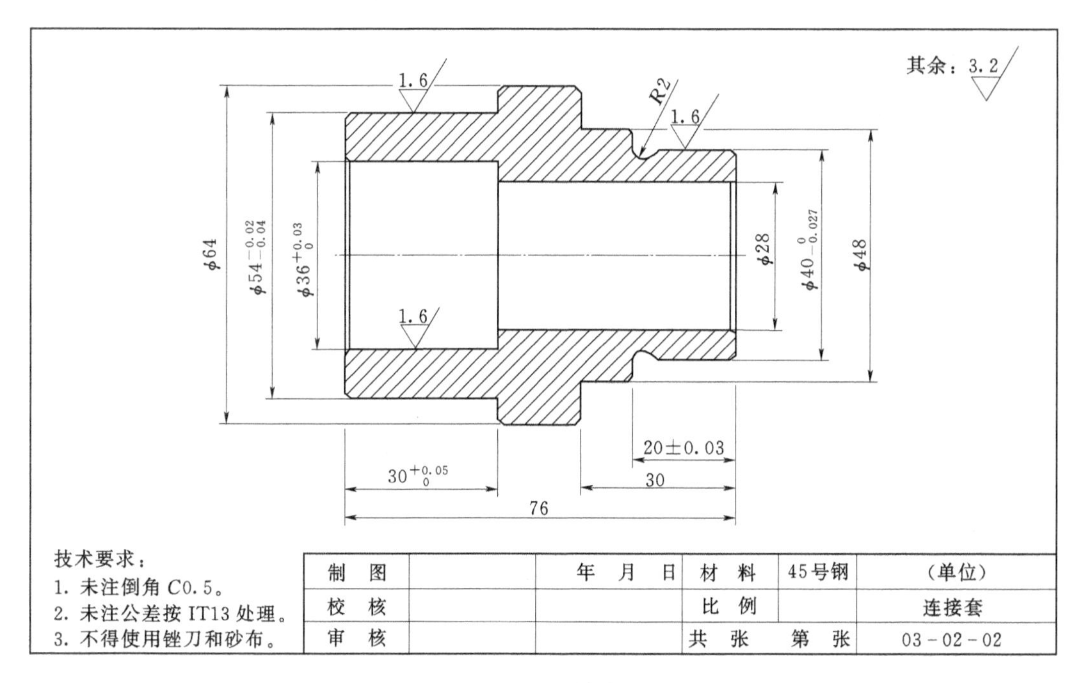

图 3-2-8　连接套图样

讨论：

1. 装夹加工方法

2. 操作设备、工具准备（表 3-2-7）

表 3-2-7　　操作设备、工具

序　号	设备、工具名称	单　位	数　量	用　　途
1				
2				
3				
4				
5				
6				

续表

序 号	设备、工具名称	单 位	数 量	用 途
7				
8				
9				
10				

3. 车削加工工艺步骤

应用二：车削滑移齿轮（图 3-2-9）。

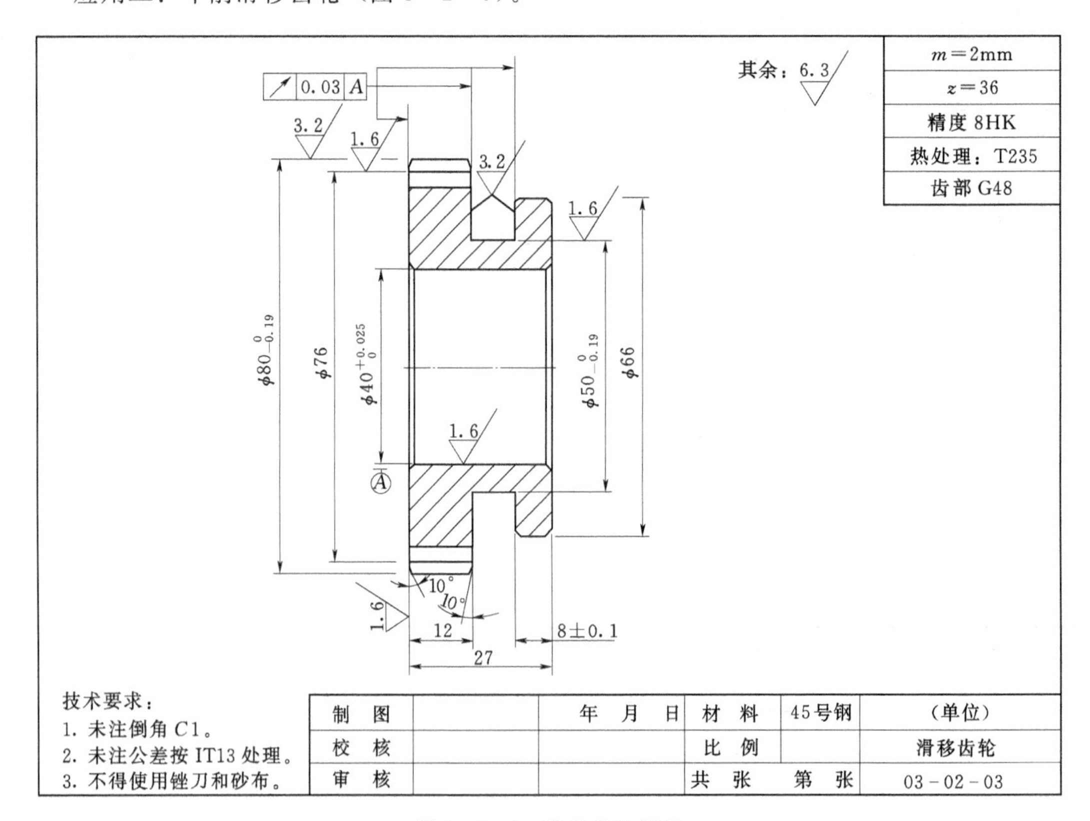

m=2mm
z=36
精度 8HK
热处理：T235
齿部 G48

技术要求：
1. 未注倒角 C1。
2. 未注公差按 IT13 处理。
3. 不得使用锉刀和砂布。

制 图		年 月 日	材 料	45号钢	（单位）
校 核			比 例		滑移齿轮
审 核			共 张	第 张	03-02-03

图 3-2-9 滑移齿轮图样

讨论：

1. 装夹加工方法

2. 操作设备、工具准备（表3-2-8）

表3-2-8　操作设备、工具

序　号	设备、工具名称	单　位	数　量	用　　途
1				
2				
3				
4				
5				
6				
7				
8				
9				
10				

3. 车削加工工艺步骤

项目四 车削简单形体产品

任务一 车削换向支承轴

【任务描述】

某五金工艺制品有限公司订制一批换向支承轴，数量120套，材料、加工要求见生产任务书。

【生产任务书】

零件施工单见表4-1-1，换向支承轴图样如图4-1-1所示。

表4-1-1　　　　零件施工单

投放日期：__________　班组：__________　要求完成任务时间：____天

材料尺寸及数量：ϕ30mm×85mm，120套

图　号	零件名称		计划数量		完成数量
04-01-01	换向支承轴		120套		
加工成员姓名	工序	合格数	工废数	料废数	完成时间
班组质检				抽检	
总质检					

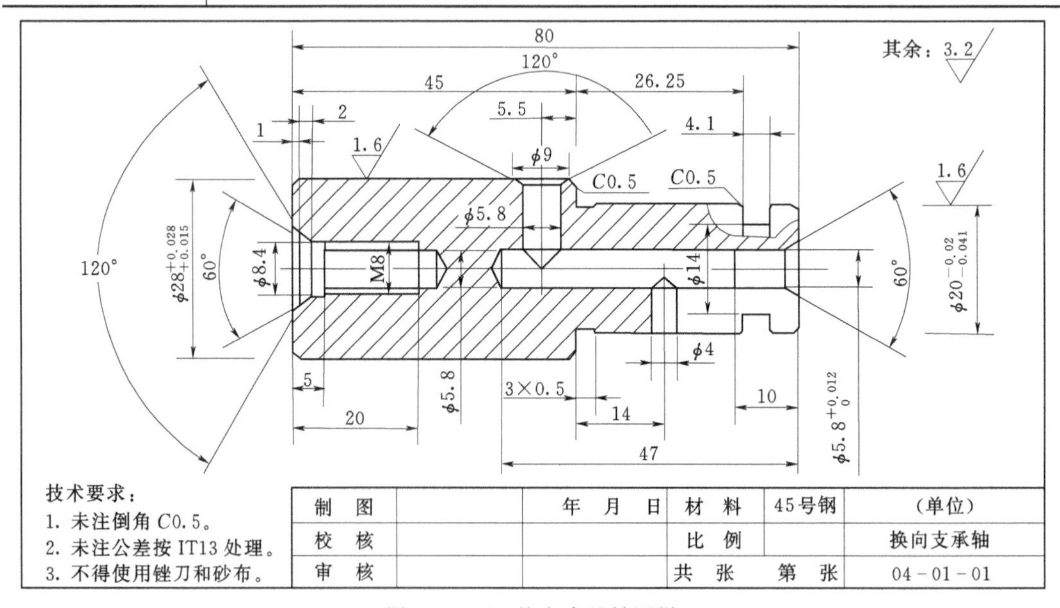

图4-1-1　换向支承轴图样

【任务分析】

本任务是使毛坯料为 ϕ30mm×85mm 的钢料，在以往已学习的课题基础上，车削换向支承轴（图 4-1-1），其中包括新的学习内容铰孔的知识、操作设备及工具准备、铰刀的选用、切削用量的选择等作为准备，见表 4-1-2。

表 4-1-2　　为完成手柄必须进行的准备内容

序　　号	内　　容
1	分析生产图纸，确定加工方案
2	操作设备及工具准备
3	车削加工工艺步骤

【实施目标】

通过换向支承轴产品加工，了解企业生产的管理流程；锻炼学生表达与沟通能力；能正确选择和运用刀具；能合理安排换向支承轴加工工艺；能合理安排工作岗位、安全操作机床加工产品。

（1）质量目标：能按换向支承轴车削要求安排车削步骤，并按照普通车床操作的安全规程、车间安全防护规定，操作车床加工出产品。

（2）安全目标：严格按照普通车床车间安全操作规程进行任务作业。

（3）文明目标：自觉按照普通车床车间文明生产规则进行任务作业。

【实施建议】

（1）将学生按人数平均分组，明确任务组长。

（2）分别以车间主任、班组长、一线员工等角色领取任务，责任到人。

（3）适时组织小组讨论分工、信息学习、加工工步、评价学习等教学活动。

【任务信息学习】

一、分析生产图纸，确定加工方案

从图纸（图 4-1-1）分析，零件两级外圆的尺寸精度都比较高，是一配合面，虽然没有形位公差要求，但两级外圆的轴心线应同轴，所以精加工应采用两顶尖装夹加工。零件左边有内螺纹，并且有 60°内锥和 120°的护锥，这部分的加工应加工出内螺纹底孔和用 B5 的中心钻加工出 60°内锥和 120°的护锥；零件右边有个精度高、深度深的 $\phi 5.8^{+0.012}_{0}$ mm 小孔，这个孔的加工要采用钻中心孔、钻孔、扩孔、铰孔的加工方案。

二、操作设备、工具准备

本任务需要准备的操作设备、工具见表 4-1-3。

表 4-1-3 操作设备、工具

序号	设备、工具名称	单位	数量	用途
1	C6132A 车床	台	24	主要加工设备
2	B5 中心钻	个	10	钻中心孔
3	ϕ4.5mm 钻头	个	10	钻孔
4	ϕ5.5mm 钻头	个	10	钻孔
5	ϕ6.8mm 钻头	个	10	钻孔
6	ϕ5.8mm 铰刀	把	10	加工内孔
7	硬质合金外圆车刀	把	24	车外圆、端面、倒角
8	游标卡尺	把	24	测量外径、长度
9	0～25mm 千分尺	把	24	测量外径
10	25～50mm 千分尺	把	24	测量外径
11	3mm 宽的切槽刀	把	24	用于切槽
12	活动顶尖	个	24	用于装夹
13	固定顶尖	个	24	用于装夹
14	鸡心夹	个	24	用于装夹
15	钻夹头	个	100	用于装夹
16	铜片	块	24	用于装夹
17	ϕ8.4mm 平钻头	个	10	加工内孔
18	ϕ30mm×85mm 的钢料	件	120	用于完成任务

三、车削加工工艺步骤

（1）夹材料，伸出 50mm 长找正夹紧。

（2）安装外圆车刀，车端面，粗车外圆至 ϕ29mm×46mm；钻 B5 中心孔，钻孔 ϕ6.8mm×25mm；扩孔 ϕ8.4mm×5mm，用 B5 中心钻检查是否有 120°护锥面。

（3）拆下工件，调头，夹 ϕ29mm×46mm 外圆，找正夹紧，车端面，取总长 80mm；粗车外圆至 ϕ22mm×34mm。钻中心孔，钻孔至 ϕ4.5mm×47mm，再用钻头扩孔至 ϕ5.5mm×47mm。

（4）安装铰刀，铰孔至 ϕ5.8mm×47mm，再用中心钻检查是否有 60°锥面。

（5）拆下工件，卡爪夹一材料车前顶尖，车好的前顶尖应不拆下来。鸡心夹夹大外圆，两顶尖装夹。

（6）精车小外圆至尺寸要求 $\phi 20_{-0.041}^{-0.02}$ mm，并取大外圆长度 45mm。取长度 26.25mm。切槽至 ϕ14mm，槽宽取 4.1mm，倒角 C0.5。

（7）松开鸡心夹，工件调头，鸡心夹夹小外圆，两顶尖装夹，精车大外圆至尺寸要求 $\phi 28_{+0.015}^{+0.028}$ mm 长度尽长。倒角 C0.5，检查尺寸。

（8）拆下零件，完成加工。

【任务实施】

本任务实施步骤见表4-1-4。

表4-1-4　任务实施步骤

步骤	实施内容	完成者	说明
1	审图、确定加工工艺	教师、全体学生	教师引导学生进行审图、确定加工工艺
2	工件装夹	学生	教师指导学生把工件装夹牢固
3	车左端面、粗车外圆，钻孔	学生	学生先根据工程图的图样要求，车左端面、粗车外圆，钻孔
4	车右端面、粗车外圆，钻孔，扩孔	学生	学生根据工程图的图样要求，车右端面、粗车外圆，钻孔，扩孔
5	安装铰刀	学生	教师演示铰刀的安装
6	铰孔	学生	学生按照铰孔的要求、方法、注意事项完成铰孔，达到图样要求
7	两顶尖装夹综合车削加工	全体学生	教师演示完成后，学生自己独立完成

【任务评价】

根据学生完成本任务的情况对他们的实习进行评价，评价表见表4-1-5。

表4-1-5　换向支承轴质量检测评价表

序号	考核项目	考核内容及要求	配分	评分标准	检验结果	得分
1	外圆	$\phi 28^{+0.028}_{+0.015}$	8	每超差0.01扣1分		
2		$\phi 20^{-0.02}_{-0.041}$	8	每超差0.01扣1分		
3		$\phi 5.8^{+0.012}_{0}$	15	每超差0.01扣1分		
4	长度	80	2	按IT14超差扣分		
5		45	6	按IT14超差扣分		
6		26.25	5	按IT14超差扣分		
7		10	4	按IT14超差扣分		
8		47	2	按IT14超差扣分		
9	切槽	$4.1\times\phi 14$	8	按IT14超差扣分		
10		3×0.5	2			
11	倒角	C0.5，6处	12	m超差不得分		
12	粗糙度	$R_a1.6\mu m$，2处	8	降一级扣2分		
13	工具、设备的使用与维护	正确、规范使用工、量、刃具，合理保养及维护工、量、刃具	10	不符合要求酌情扣1～8分		
		正确、规范使用设备，合理保护及维护设备		不符合要求酌情扣1～8分		
		操作姿势、动作正确		不符合要求酌情扣1～8分		

续表

序号	考核项目	考核内容及要求	配分	评分标准	检验结果	得分
14	安全与其他	安全文明生产，按国家颁布的有关法规或企业自定的有关规定	10	一项不符合要求扣2分，发生较大事故者取消考试资格		
		操作、工艺规范正确		一处不符合要求扣2分		
		工件各表面无缺陷		不符合要求酌情扣1～8分		
总分：						

【扩展视野】

应用一：车削传动轴（图4-1-2）。

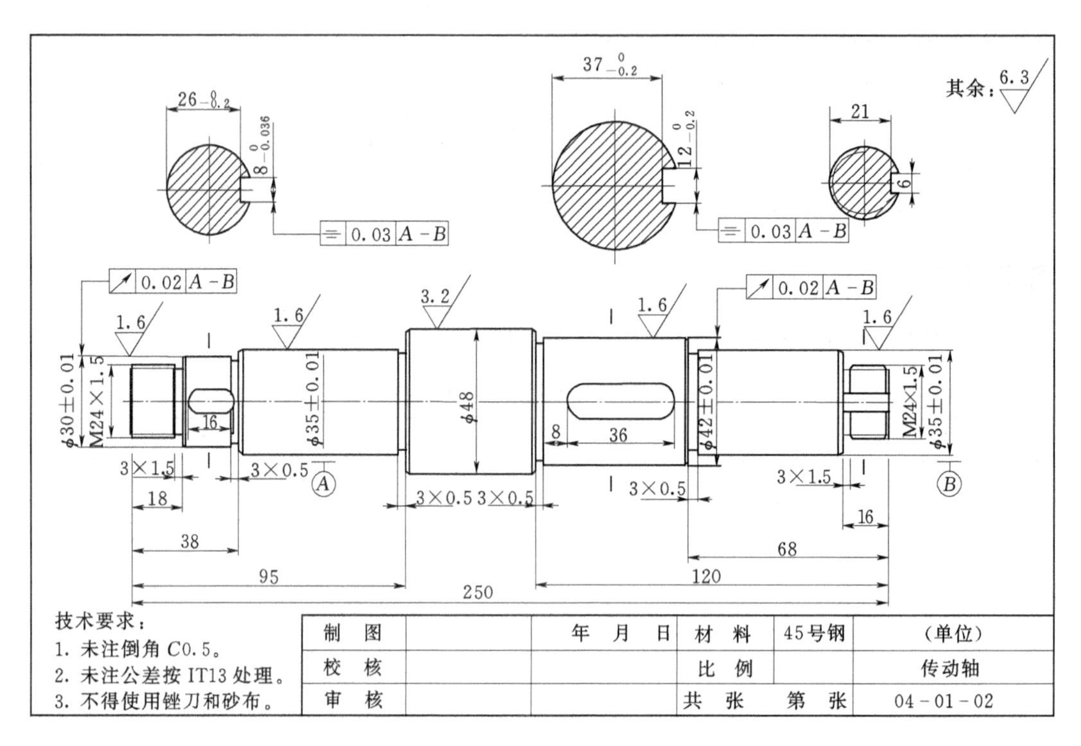

图4-1-2 传动轴图样

讨论：

1. 装夹加工方法

2. 操作设备、工具准备

表 4-1-6　　操作设备、工具

序　号	设备、工具名称	单　位	数　量	用　　途
1				
2				
3				
4				
5				
6				
7				
8				
9				
10				

3. 车削加工工艺步骤

任务二　车　削　轴　套

【任务描述】

某五金工艺制品有限公司订制一批轴套，数量 120 套，材料、加工要求见生产任务书。

【生产任务书】

零件施工单见表 4-2-1，轴套图样如图 4-2-1 所示。

表 4-2-1　　零 件 施 工 单

投放日期：__________　班组：__________　要求完成任务时间：____天

材料尺寸及数量：ϕ55mm×65mm，120 套

图　　号	零　件　名　称		计　划　数　量		完　成　数　量
04-02-01	轴套		120 套		
加工成员姓名	工序	合格数	工废数	料废数	完成时间
班组质检				抽检	
总质检					

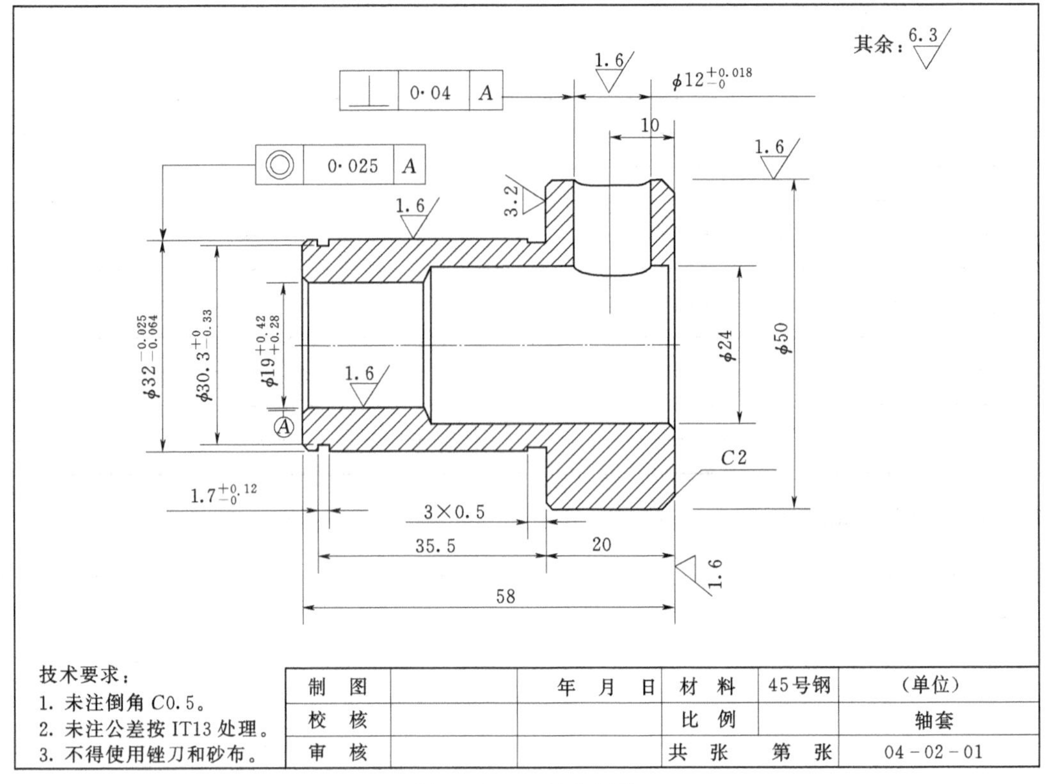

图 4-2-1　轴套图样

【任务分析】

本任务是使毛坯料为 ϕ55mm×65mm 的钢料，在以往所有课题学习的基础上车削轴套（图 4-2-1），经过加工轴套再巩固和提高操作技能，熟悉刀具的使用、切削用量的选择等。完成本任务必须进行的准备内容见表 4-2-2。

表 4-2-2　　为完成手柄必须进行的准备内容

序　号	内　容
1	分析生产图纸，确定加工方案
2	操作设备及工具准备
3	车削加工工艺步骤

【实施目标】

通过轴套产品加工，了解企业生产的管理流程；锻炼学生表达与沟通能力；能正确选择和运用刀具；能合理确定加工方案，制订加工工艺；并能合理安排工作岗位，安全操作机床加工产品。

（1）质量目标：能按轴套车削要求安排车削步骤，并按照普通车床操作的安全规程、车间安全防护规定，操作车床加工出产品。

（2）安全目标：严格按照普通车床车间安全操作规程进行任务作业。
（3）文明目标：自觉按照普通车床车间文明生产规则进行任务作业。

【实施建议】

（1）将学生按人数平均分组，明确任务组长。
（2）分别以车间主任、班组长、一线员工等角色领取任务，责任到人。
（3）适时组织小组讨论分工、信息学习、加工工步、评价学习等教学活动。

【任务信息学习】

一、分析生产图纸，确定加工方案

从图纸分析，外圆 ϕ32mm 与内孔 ϕ19mm 有同轴度公差要求，为保证同轴度公差要求，ϕ32mm 外圆与内孔 ϕ19mm 要在一次装夹中加工出来；ϕ12mm 孔及相关尺寸在车床上不能加工，只有在下道工序进行钳作加工。零件上有两条槽，3mm×0.5mm 为避空槽，ϕ30.3mm×1.7mm 为定位槽；两级外圆和 ϕ19mm 内孔表面粗糙度要求 R_a1.6μm，精加工时应注意表面粗糙度的要求。其加工方案为：先粗车外圆、钻孔、粗车内孔；再精车大外圆、端面及 ϕ24mm 内孔；最后加工另一端外圆、内孔并切槽。粗车时选择的切削速度为中等切削速度，精车外圆时用硬质合金车刀选择高速，而精车内孔用高速钢车刀选择低速加工。切槽用高速钢车刀选择中、低速车削。全加工过程加注冷却润滑液。

二、操作设备、工具准备

本任务需要准备的操作设备、工具见表 4-2-3。

表 4-2-3　　操作设备、工具

序　号	设备、工具名称	单　位	数　量	用　　途
1	C6132A 车床	台	24	主要加工设备
2	ϕ17mm、ϕ22mm 麻花钻	把	各 10	钻孔
3	高速钢车孔刀	把	24	车孔
4	高速钢切槽刀	把	24	切槽
5	硬质合金外圆车刀	把	24	车外圆、端面、倒角
6	卡钳、钢直尺	套	48	测量内径、长度
7	游标卡尺	把	24	测量外径、长度
8	千分尺 0～25mm、25～50mm	把	各 24	测量外径
9	铜片	块	24	用于装夹工件
10	ϕ55mm×65mm 的钢料	件	120	用于完成任务

三、车削加工工艺步骤

（1）装夹工件 20mm 长，校正夹紧；安装外圆车刀。

（2）选取中等切削速度，车端面，粗车外圆至 ϕ35mm×37mm，拆下。

（3）调头，夹 ϕ35mm 外圆，校正，夹紧。粗车外圆至 ϕ52mm，长度尽长。车端面取 ϕ52mm 外圆长 21.5mm，用 ϕ22mm 钻头钻孔，深 37mm；再用 ϕ17mm 钻头钻孔，钻穿。

（4）安装内孔车刀，试切削测量，精车内孔尺寸至要求 $\phi24^{+0.15}_{+0.05}$mm×（38±0.1）mm；换外圆精车刀精车外圆至要求 $\phi50^{-0.05}_{-0.15}$mm，长度尽长。倒角 $C1$，并检查各尺寸后拆下。

（5）调头，铜片垫 ϕ50mm 外圆卡盘装夹，校正夹紧。换内孔精车刀精车内孔尺寸至要求 $\phi19^{+0.42}_{+0.28}$mm，长度尽长。

（6）换外圆精车刀精车外圆尺寸至要求 $\phi32^{-0.025}_{-0.064}$mm，长度至台阶面，并取 ϕ50mm，外圆长度 20mm；车端面，取总长 58mm。

（7）换切槽刀，切槽 3mm×0.5mm 并取长度 35.5mm 切 $\phi30.3^{0}_{-0.33}$mm×$1.7^{+0.12}_{0}$mm 定位槽，内、外圆倒角 $C1$。

（8）检查各尺寸后拆下，完成加工。

【任务实施】

本任务实施步骤见表 4-2-4。

表 4-2-4　　任务实施步骤

步　骤	实　施　内　容	完　成　者	说　　明
1	审图、确定加工工艺	教师、全体学生	教师引导学生进行审图、确定加工工艺
2	工件装夹	学生	教师指导学生把工件装夹牢固
3	车端面、外圆、内孔、切槽	学生	学生先根据工程图的图样要求，车好外圆
4	综合车削加工完成	全体学生	教师演示完成后，学生自己独立完成

【任务评价】

根据学生完成本任务的情况对他们的实习进行评价，评价表见表 4-2-5。

表 4-2-5　　轴套检测评价表

序　号	考核项目	考核内容及要求	配　分	评　分　标　准	检验结果	得　分
1	外圆	ϕ50	8	每超差 0.01 扣 1 分		
2		$\phi32^{-0.025}_{-0.064}$	10	每超差 0.01 扣 1 分		
3	内孔	$\phi24^{+0.42}_{+0.28}$	5	按 IT14 超差扣分		
4		ϕ19	10	按 IT14 超差扣分		
5	长度	58	5	按 IT14 超差扣分		
6		20	5	按 IT14 超差扣分		
7		35.5	5	按 IT14 超差扣分		
8	切槽	1.7×$\phi30.3^{0}_{-0.33}$	8	按 IT14 超差扣分		
9		3×0.5	5			

续表

序　号	考核项目	考核内容及要求	配　分	评　分　标　准	检验结果	得　分
10	倒角	C2，1处	2	m 超差不得分		
11		C0.5，4处	8	超差不得分		
12	粗糙度	R_a1.6μm，3处	9	降一级扣2分		
13	工具、设备的使用与维护	正确、规范使用工、量、刃具，合理保养及维护工、量、刃具	10	不符合要求酌情扣1～8分		
		正确、规范使用设备，合理保护及维护设备		不符合要求酌情扣1～8分		
		操作姿势、动作正确		不符合要求酌情扣1～8分		
14	安全与其他	安全文明生产，按国家颁布的有关法规或企业自定的有关规定	10	一项不符合要求扣2分，发生较大事故者取消考试资格		
		操作、工艺规范正确		一处不符合要求扣2分		
		工件各表面无缺陷		不符合要求酌情扣1～8分		
总分：						

【扩展视野】

应用一：车削固定套（图4-2-2）。

讨论：

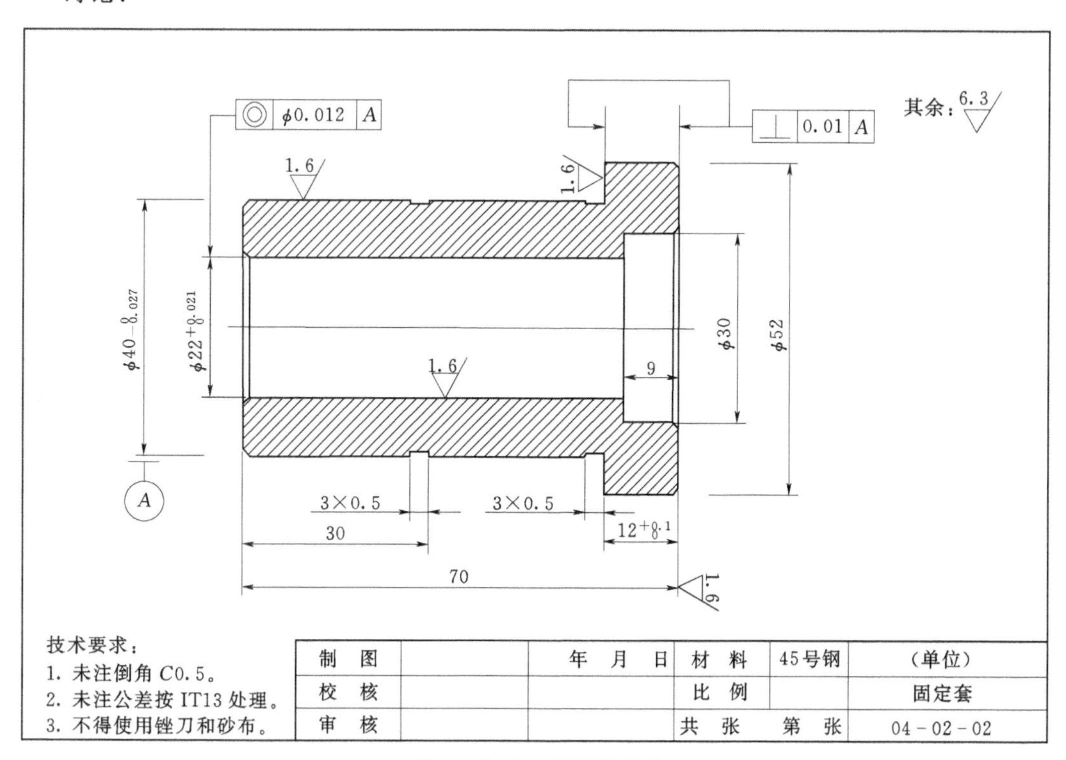

图4-2-2　固定套图样

1. 装夹加工方法

2. 操作设备、工具准备（表4-2-6）

表4-2-6　操作设备、工具

序　号	设备、工具名称	单　位	数　量	用　　途
1				
2				
3				
4				
5				
6				
7				
8				
9				
10				

3. 车削加工工艺步骤

参 考 文 献

[1] 劳动和社会保障部教材办公室组织编写．车工工艺学［M］．四版．北京：中国劳动社会保障出版社，2005.

[2] 劳动和社会保障部教材办公室组织编写．车工技能训练［M］．四版．北京．中国劳动社会保障出版社，2005.

[3] 劳动和社会保障部教材办公室组织编写．极限配合与技术测量基础［M］．三版．北京：中国劳动社会保障出版社，2007.

[4] 劳动和社会保障部教材办公室组织编写．机械制造工艺基础［M］．五版．北京：中国劳动社会保障出版社，2005.

[5] 劳动和社会保障部教材办公室组织编写．金属材料与热处理［M］．五版．北京：中国劳动社会保障出版社，2007.

[6] 劳动和社会保障部教材办公室组织编写．机械制图［M］．五版．北京：中国劳动社会保障出版社，2007.